Python 网络数据爬取及分析
从入门到精通(爬取篇)

杨秀璋　颜　娜　编著

U0285343

北京航空航天大学出版社

图书在版编目(CIP)数据

Python 网络数据爬取及分析从入门到精通. 爬取篇 / 杨秀璋，颜娜编著. -- 北京 ：北京航空航天大学出版社，2018.5

ISBN 978 - 7 - 5124 - 2712 - 9

Ⅰ. ①P… Ⅱ. ①杨… ②颜… Ⅲ. ①软件工具－程序设计 Ⅳ. ①TP311.561

中国版本图书馆 CIP 数据核字(2018)第 101763 号

Python 网络数据爬取及分析从入门到精通(爬取篇)

杨秀璋　颜　娜　编著

责任编辑　孙兴芳

*

北京航空航天大学出版社出版发行

北京市海淀区学院路 37 号(邮编 100191)　http://www.buaapress.com.cn
发行部电话:(010)82317024　传真:(010)82328026
读者信箱: emsbook@buaacm.com.cn　邮购电话:(010)82316936
涿州市新华印刷有限公司印装　各地书店经销

*

开本:710×1 000　1/16　印张:19.25　字数:410 千字
2018 年 6 月第 1 版　2018 年 6 月第 1 次印刷
ISBN 978 - 7 - 5124 - 2712 - 9　定价:59.80 元

序　一

　　作为与秀璋同窗同寝的 10 年老友,有幸见证秀璋与颜娜相识相知相爱。此书可以说是他们爱的结晶。秀璋是深受朋友信任的好兄弟,亦是深受学生爱戴的好老师,似乎有着用不完的热情,这种热情,带给我们这个社会一丝丝的温暖,在人与人之间传递着。当初在博客上不断写文章,并耐心解答网友们的各种问题,还帮助许多网友学习编程,指导他们的作业甚至毕业论文,所以,"当教师"这颗种子早已埋下。毕业后的秀璋,拿着同学们羡慕的北京 IT 行业某网络公司的录取通知书,却毅然决然踏上返乡的路,这一走,走进了大山里的贵州,成了一名受人尊敬的人民教师。生活平淡而辛苦,而乐观的秀璋却收获了爱情,此也命也。

　　拒绝了无数聚会的邀请,见证了无数贵阳凌晨的灯火,秀璋和颜娜孜孜不倦写下这本书,作为朋友,着实替他们高兴。作为见证这本书从下笔到问世的读者,作为一个 Python 爱好者及有一定数据分析功底的学生,读这本书真是如晤老友——有大量的网络数据爬取实例,从 Python 基础知识到正则表达式爬虫,再到 Beautiful-Soup、Selenium、Scrapy 爬取技术,并结合数据存储、海量图集分析、自动登录等实例进行讲解。本书配以专业但不晦涩的语言,将原本枯燥的学术知识娓娓道来,此时的秀璋不是老师,而是一个熟悉的老友,用大家听得懂的话,解释着您需要了解的一切。同时,当您学习完 Python 网络数据爬取之后,还推荐您继续学习本套书中的另一本书——《Python 网络数据爬取及分析从入门到精通(分析篇)》,进而更好地掌握与Python 相关的知识。

　　总之,再多赞美的语言,都比不上滴滴汗水凝结的成功带来的满足与喜悦。愿您合上书时,亦能感受到秀璋和颜娜的真诚。

大疆公司 宋籍文

2017 年 11 月 1 日于深圳

序　二

当我被秀璋邀请为本书写序时，我首先感到的是惊讶和荣幸。秀璋是我最好的朋友之一，在本科和硕士学习期间，我们一起在北京理工大学度过了六年的美好时光。秀璋是一个真诚而严谨的人，在学习、工作，甚至游戏中，他都力争完美，很开心看到他完成了这本著作。

在大学期间，每个人都知道他有当老师的梦想，之后他也确实回到了家乡贵州，做着他喜欢的事情。我希望他能在教育领域保持着那份激情和初心，即使这是一个漫长而艰难的过程，但我相信他会用他的热情和爱意克服一切困难，教书育人。

这本书就像他的一个"孩子"，他花了很多时间和精力撰写而成。它是一本关于Python技术的网络爬虫书，包括很多有用的实例，比如爬取在线百科、爬取技术博客或新浪微博数据、挖掘招聘网站或豆瓣网电影信息等。现在我们都知道一些与计算机科学相关的热门术语，如机器学习、大数据、人工智能等，而许多像SAP这样的公司也在关注这些新兴的技术，关注从海量信息中挖掘出有价值的信息，以便将来为客户提供更好的软件解决方案和服务，为公司决策提供支撑。

但我们从哪里开始学习这些新知识呢？我想您可以从读这本书开始。在本书中，秀璋介绍了一种可用于数据挖掘等应用的基本技能——网络爬虫技术。一个网络爬虫通常是从互联网上提取有用的信息，它可以用来爬取结构化/非结构化文本、图片或各类数据。借助这些数据，我们可以构建自己的应用，例如Google知识图谱、舆情分析系统、智能家具应用等。本书既可以当作Python数据爬取的入门教程，也可以当作指导手册或科普书。对于初学者来说，学习本书中的内容并不难，它就是一步步的教程，包括基本的Python语法、BeautifulSoup技术、Selenium技术、Scrapy框架等。书中有许多生动而有趣的案例，以及详细的图形指南和代码注释，绝不会让您感到无聊。

本书是学习Python数据爬取的不二选择。同时推荐您继续学习本套书中的另一本书——《Python网络数据爬取及分析从入门到精通（分析篇）》，进而更好地掌握与Python相关的知识。

如果您真的是Python、网络爬虫、数据分析或大数据的忠实粉丝，请不要犹豫，学习Python就从本书开始吧！

SAP工程师 数字商务服务　徐溥
2017年11月23日于美国

序 三

杨老师是我认识的人里最忠于自己内心的人。在青春年少时他便抱定自己的理想，多年来一直不忘初心、心无旁骛地朝着目标踽踽前行，既仰望星空，又脚踏实地，直到达成所愿。

相较于大多数与梦想渐行渐远的人们，他是幸运的，这幸运离不开他多年的努力与坚持。年少时，他可能从未想过自己会成为一名"程序猿"，误打误撞进入编程领域，从此在代码的世界里乐此不疲，越走越远。对于他而言，重要的是学有所成，继承父亲遗志，做一名传道授业解惑的教师。为此，他勤奋学习，纵然辛劳却乐在其中；他乐于助人，以帮助、辅导他人学习技术为傲，从不求回报；他常有危机感，担心自己学得还不够，不足以为人传道授业解惑；他也常常感叹，为自己能在普及编程知识上做一点贡献而感到自豪。这些，成为他五年来坚持在 CSDN 更新博客的坚强动力，也是他在北京航空航天大学出版社多番邀请下，终于下定决心要倾自己所学写一套书的初衷。

因为工作调整的缘故，2017 年杨老师异常忙碌，加班是家常便饭，写这套书几乎占据了他全部的休息时间。很多个安静的夜里，家人酣睡，他却敲击着键盘，灵感如火花四溅，脑海里的知识渐渐凝聚成书。

8 年编程积累，近 300 篇博文厚积薄发，Python 系列专栏荣获"2017 年 CSDN 博客十大专栏"，得到网友们的充分肯定。历时一年倾囊而出、潜心创作，本套书凝聚了他诸多心血，同时也是他学习 Python 语言的阶段性总结。本套书简单易懂，包含了网络数据爬取和数据分析两方面知识。杨老师充分考虑初学者可能会遇到的困难和问题，深入浅出，理论结合案例，力求让每位读者在合上书后，都能真正学有所得，熟练掌握 Python 语言、网络爬虫和数据分析。同时，因为力求丰富完善，内容较多，故本套书分为两本出版，一本即为本书，重点涵盖了网络爬虫概念、正则表达式、BeautifulSoup、Selenium、Scrapy、数据库存储、登录验证等技术，以及爬取个人博客、在线百科、新浪微博、豆瓣电影、招聘数据等实例，并且每一章都通过实例代码和图表步骤进行详细讲解。另一本为《Python 网络数据爬取及分析从入门到精通（分析篇）》，主要介绍 Python 数据分析。建议大家结合起来学习。

杨老师是一个善良、纯粹而又执著的人，日常交往中人们很容易在他身上建立起信任感，他对得失的毫不计较，对教育事业的虔诚，对他人的真挚友善，对知识的尊重与渴求，无不深深打动着身边的人。程序员有很多种，他可能并不是技术最厉害的，但他选择了一条更为艰难的路，学习积累，潜心创作，教书育人，用一篇篇文章、一个个精彩的案例去帮助更多人。

　　作为长期陪伴他左右的人，我敬他、恋他，同时从心底深深感激他为我倾注的一切。历经一年，与他一起查阅资料、一起校稿、一起默默付出，整套书终于要问世了。作为整套书的第一个读者，我深深地知道他对整套书所倾注的炽热情感与心血，每一段文字、每一行代码都闪现着我们生活和工作中合作的点点滴滴，希望您在阅读过程中，也能体会到我们满满的诚意。

　　此生幸事莫过于得一知己共白首！也希望所有的读者能包容本书的不足之处，如果此书能激发您对数据挖掘与分析的兴趣，给您的学习和工作带来些灵感和帮助，我们将不胜欢喜。编程路漫漫，期待与各位读者的交流与学习，共同进步。

颜　娜

2018 年 3 月 14 日于贵阳

前　言

随着数据分析和人工智能风暴的来临,Python 也变得越来越火热。它就像一把利剑,使我们能随心所欲地去做各种分析与研究。在研究机器学习、深度学习与人工智能之前,我们有必要静下心来学习一下 Python 的基础知识、基于 Python 的网络数据爬取及分析,这些知识点都将为我们后续的开发和研究打下扎实的基础。同时,由于世面上缺少以实例为驱动,全面详细介绍 Python 网络爬虫及数据分析的书,本套书很好地填补了这一空白,它通过 Python 语言来教读者编写网络爬虫并教大家针对不同的数据集做算法分析。本套书既可以作为 Python 数据爬取及分析的入门教材,也可以作为实战指南,其中包括多个经典案例。

它究竟是一套什么样的书呢? 对您学习网络数据爬取及分析是否有帮助呢?

本套书是以实例为主、使用 Python 语言讲解网络数据爬虫及分析的书和实战指南。本套书结合图表、代码、示例,采用通俗易懂的语言介绍了 Python 基础知识、数据爬取、数据分析、数据预处理、数据可视化、数据库存储、算法评估等多方面知识,每一部分知识都从安装过程、导入扩展包到算法原理、基础语法,再结合实例详细讲解。本套书适合计算机科学、软件工程、信息技术、统计数学、数据科学、数据挖掘、大数据等专业的学生学习,也适合对网络数据爬取、数据分析、文本挖掘、统计分析等领域感兴趣的读者阅读,同时也可作为数据挖掘、数据分析、数据爬取、机器学习、大数据等技术相关课程的教材或实验指南。

本套书分为两篇——爬取篇和分析篇。其中,爬取篇详细讲解了正则表达式、BeautifulSoup、Selenium、Scrapy、数据库存储相关的爬虫知识,并通过实例让读者真正学会如何分析网站、爬取自己所需的数据;分析篇详细讲解了 Python 数据分析常用库、可视化分析、回归分析、聚类分析、分类分析、关联规则挖掘、文本预处理、词云分析及主题模型、复杂网络和基于数据库的分析。爬取篇突出爬取,分析篇侧重分析,为了更好地掌握相关知识,建议读者将两本书结合起来学习。

为什么本套书会选择 Python 作为数据爬取和数据分析的编程语言呢?

随着大数据、数据分析、深度学习、人工智能的迅速发展,网络数据爬取和网络数据分析也变得越来越热门。由于 Python 具有语法清晰、代码友好、易读易学等特点,同时拥有强大的第三方库支持,包括网络爬取、信息传输、数据分析、绘图可视化、机器学习等库函数,所以本套书选择 Python 作为数据爬取和数据分析的编程语言。

首先,Python 既是一种解释性编程语言,又是一种面向对象的语言,其操作性和可移植性较高,因而被广泛应用于数据挖掘、文本爬取、人工智能等领域。就作者看来,Python 最大的优势在于效率。有时程序员或科研工作者的工作效率比机器的效率更为重要,对于很多复杂的功能,使用较清晰的语言能给程序员减轻更多的负担,从而大大提高代码质量,提高工作效率。虽然 Python 底层运行速度要比 C 语言慢,但 Python 清晰的结构能节省程序员的时间,简单易学的特点也降低了编程爱好者的门槛,所以说"人生苦短,我学 Python"。

其次,Python 可以应用在网络爬虫、数据分析、人工智能、机器学习、Web 开发、金融预测、自动化测试等多个领域,并且都有非常优秀的表现,从来没有一种编程语言可以像 Python 这样同时扎根在这么多领域。另外,Python 还支持跨平台操作,支持开源,拥有丰富的第三方库。尤其随着人工智能的持续火热,Python 在 IEEE 发布的 2017 年最热门语言中排名第一,同时许多程序爱好者、科技工作者也都开始认识 Python,使用 Python。

接下来作者将 Python 和其他常用编程语言进行简单对比,以突出其优势。相比于 C♯,Python 是跨平台的、支持开源的解释型语言,可以运行在 Windows、Linux 等平台上;而 C♯ 则相反,其平台受限,不支持开源,并且需要编译。相比于 Java,Python 更简洁,学习难度也相对低很多,而 Java 则过于庞大复杂。相比于 C 和 C++,Python 的语法简单易懂,代码清晰,是一种脚本语言,使用起来更为灵活;而 C 和 C++通常要和底层硬件打交道,语法也比较晦涩难懂。

目前,Python 3.x 版本已经发布并正在普及,本套书却选择了 Python 2.7 版本,并贯穿整套书的所有代码,这又是为什么呢?

在 Python 发布的版本中,Python 2.7 是比较经典的一个版本,其兼容性较高,各方面的资料和文章也比较完善。该版本适用于多种信息爬取库,如 Selenium、BeautifulSoup 等,也适用于各种数据分析库,如 Sklearn、Matplotlib 等,所以本套书选择 Python 2.7 版本;同时结合官方的 Python 解释器和 Anaconda 集成软件进行详细介绍,也希望读者喜欢。Python 3.x 版本已经发布,具有一些更便捷的地方,但大部分功能和语法都与 Python 2.7 是一致的,作者推荐大家结合 Python 3.x 进行学习,并可以尝试将本套书中的代码修改为 Python 3.x 版本,以加深印象。

同时,作者针对不同类型的读者给出一些关于如何阅读和使用本套书的建议。

如果您是一名没有任何编程基础或数据分析经验的读者,建议您在阅读本套书时,先了解对应章节的相关基础知识,并手动敲写每章节对应的代码进行学习;虽然本套书是循序渐进深入讲解的,但是为了您更好地学习数据爬取和数据分析知识,独立编写代码是非常必要的。

如果您是一名具有良好的计算机基础、Python 开发经验或数据挖掘、数据分析背景的读者,则建议您独立完成本套书中相应章节的实例,同时爬取自己感兴趣的数据集并深入分析,从而提升您的编程和数据分析能力。

如果您是一名数据挖掘或自然语言处理相关行业的研究者,建议您从本套书中找到自己感兴趣的章节进行学习,同时也可以将本套书作为数据爬取或数据分析的小字典,希望给您带来一些应用价值。

如果您是一名老师,则推荐您使用本套书作为网络数据爬取或网络数据分析相关课程的教材,您可以按照本套书中的内容进行授课,也可以将本套书中相关章节布置为学生的课后习题。个人建议老师在讲解完基础知识之后,把相应章节的任务和数据集描述布置给学生,让他们实现对应的爬取或分析实验。但切记,一定要让学生自己独立实现书中的代码,以扩展他们的分析思维,从而培育更多数据爬取和数据分析领域的人才。

如果您只是一名对数据爬取或数据分析感兴趣的读者,则建议您简单了解本书的结构、每章节的内容,掌握数据爬取和数据分析的基本流程,作为您学习 Web 数据挖掘和大数据分析的参考书。

无论如何,作者都希望本套书能给您普及一些网络数据爬取相关的知识,更希望您能爬取自己所需的语料,结合本套书中的案例分析自己研究的内容,给您的研究课题或论文提供一些微不足道的思路。如果本套书让您学会了 Python 爬取网络数据的方法,作者就更加欣慰了。

最后,完成本套书肯定少不了很多人的帮助和支持,在此送上最诚挚的谢意。

本套书确实花费了作者很多心思,包括多年来从事 Web 数据挖掘、自然语言处理、网络爬虫等领域的研究,汇集了作者 5 年来博客知识的总结。本套书在编写期间得到了许多 Python 数据爬取和数据分析爱好者,作者的老师、同学、同事、学生,以及互联网一些"大牛"的帮助,包括张老师(北京理工大学)、籍文(大疆创新科技公司)、徐溥(SAP 公司)、俊林(阿里巴巴公司)、容神(北京理工大学)、峰子(华为公司)、田一(南京理工大学)、王金(重庆邮电大学)、罗炜(北京邮电大学)、胡子(中央民族大学)、任行(中国传媒大学)、青哥(老师)、兰姐(电子科技大学)、小何幸(贵州财经大学)、小民(老师)、任瑶(老师)等,在此表示最诚挚的谢意。同时感谢北京理工大学和贵州财经大学对作者多年的教育与培养,感谢 CSDN 网站、博客园网站、阿里云栖社区等多年来对作者博客和专栏的支持。

由于本套书是结合作者关于 Python 实际爬取网络数据和分析数据的研究,以及多年撰写博客经历而编写的,所以书中难免会有不足或讲得不够透彻的地方,敬请广大读者谅解。如果您发现书中的错误,请联系作者,联系方式:1455136241@qq.com,https://blog.csdn.net/eastmount(博客地址)。

最后,以作者离开北京选择回贵州财经大学信息学院任教的一首诗结尾吧!

贵州纵美路迢迢,未付劳心此一遭。

收得破书三四本,也堪将去教尔曹。

但行好事,莫问前程。

待随满天桃李,再追学友趣事。

作 者

2018 年 2 月 24 日

目　　录

第 1 章　网络数据爬取概述 ……………………………………………… 1

1.1　网络爬虫 ……………………………………………………………… 1

1.2　相关技术 ……………………………………………………………… 3

　　1.2.1　HTTP ………………………………………………………… 3

　　1.2.2　HTML ………………………………………………………… 3

　　1.2.3　Python ………………………………………………………… 5

1.3　本章小结 ……………………………………………………………… 5

参考文献 …………………………………………………………………… 5

第 2 章　Python 知识初学 ………………………………………………… 6

2.1　Python 简介 …………………………………………………………… 6

2.2　基础语法 ……………………………………………………………… 11

　　2.2.1　缩进与注释 …………………………………………………… 11

　　2.2.2　变量与常量 …………………………………………………… 12

　　2.2.3　输入与输出 …………………………………………………… 14

　　2.2.4　赋值与表达式 ………………………………………………… 16

2.3　数据类型 ……………………………………………………………… 16

　　2.3.1　数字类型 ……………………………………………………… 16

　　2.3.2　字符串类型 …………………………………………………… 17

　　2.3.3　列表类型 ……………………………………………………… 17

　　2.3.4　元组类型 ……………………………………………………… 19

　　2.3.5　字典类型 ……………………………………………………… 19

2.4　条件语句 ……………………………………………………………… 19

　　2.4.1　单分支 ………………………………………………………… 20

　　2.4.2　二分支 ………………………………………………………… 20

　　2.4.3　多分支 ………………………………………………………… 21

2.5　循环语句 ……………………………………………………………… 22

　　2.5.1　while 循环 …………………………………………………… 22

　　2.5.2　for 循环 ……………………………………………………… 24

　　2.5.3　break 和 continue 语句 ……………………………………… 24

2.6 函　　数 ··· 25

　2.6.1 自定义函数 ··· 26

　2.6.2 常见内部库函数 ··· 27

　2.6.3 第三方库函数 ··· 29

2.7 字符串操作 ··· 30

2.8 文件操作 ·· 32

　2.8.1 打开文件 ··· 32

　2.8.2 读/写文件 ··· 32

　2.8.3 关闭文件 ··· 33

　2.8.4 循环遍历文件 ··· 34

2.9 面向对象 ·· 34

2.10 本章小结 ·· 36

参考文献 ··· 36

第 3 章　正则表达式爬虫之牛刀小试 ······················· 37

3.1 正则表达式 ··· 37

3.2 Python 网络数据爬取的常用模块 ···························· 39

　3.2.1 urllib 模块 ··· 39

　3.2.2 urlparse 模块 ··· 42

　3.2.3 requests 模块 ··· 44

3.3 正则表达式爬取网络数据的常见方法 ······················ 45

　3.3.1 爬取标签间的内容 ·· 45

　3.3.2 爬取标签中的参数 ·· 49

　3.3.3 字符串处理及替换 ·· 50

3.4 个人博客爬取实例 ·· 52

　3.4.1 分析过程 ··· 52

　3.4.2 代码实现 ··· 57

3.5 本章小结 ·· 59

参考文献 ··· 59

第 4 章　BeautifulSoup 技术 ··································· 60

4.1 安装 BeautifulSoup ··· 60

　4.1.1 Python 2.7 安装 BeautifulSoup ························ 60

　4.1.2 pip 安装扩展库 ·· 63

4.2 快速开始 BeautifulSoup 解析 ································· 67

　4.2.1 BeautifulSoup 解析 HTML ······························ 68

　　　　4.2.2　简单获取网页标签信息 ･･････････････････････････ 71

　　　　4.2.3　定位标签并获取内容 ･･････････････････････････････ 72

　　4.3　深入了解 BeautifulSoup ･･････････････････････････････････ 73

　　　　4.3.1　BeautifulSoup 对象 ･･･････････････････････････････ 74

　　　　4.3.2　遍历文档树 ･･････････････････････････････････････ 79

　　　　4.3.3　搜索文档树 ･･････････････････････････････････････ 82

　　4.4　用 BeautifulSoup 简单爬取个人博客网站 ･･････････････････ 84

　　4.5　本章小结 ･･ 87

　　参考文献 ･･ 87

第 5 章　用 BeautifulSoup 爬取电影信息 ･･････････････････････ 88

　　5.1　分析网页 DOM 树结构 ･･････････････････････････････････ 88

　　　　5.1.1　分析网页结构及简单爬取 ･･････････････････････････ 88

　　　　5.1.2　定位节点及网页翻页分析 ･･････････････････････････ 91

　　5.2　爬取豆瓣电影信息 ･･････････････････････････････････････ 94

　　5.3　链接跳转分析及详情页面爬取 ･･････････････････････････ 98

　　5.4　本章小结 ･･･ 104

　　参考文献 ･･ 104

第 6 章　Python 数据库知识 ･･････････････････････････････････ 105

　　6.1　MySQL 数据库 ･･･ 105

　　　　6.1.1　MySQL 的安装与配置 ･･････････････････････････ 105

　　　　6.1.2　SQL 基础语句详解 ･･･････････････････････････････ 112

　　6.2　Python 操作 MySQL 数据库 ･･･････････････････････････････ 119

　　　　6.2.1　安装 MySQL 扩展库 ･･･････････････････････････････ 119

　　　　6.2.2　程序接口 DB-API ･････････････････････････････････ 121

　　　　6.2.3　Python 调用 MySQLdb 扩展库 ･･････････････････････ 122

　　6.3　Python 操作 SQLite 3 数据库 ･･････････････････････････････ 126

　　6.4　本章小结 ･･･ 129

　　参考文献 ･･ 129

第 7 章　基于数据库存储的 BeautifulSoup 招聘爬虫 ･･････････ 130

　　7.1　知识图谱和智联招聘 ･･････････････････････････････････ 130

　　7.2　用 BeautifulSoup 爬取招聘信息 ･･･････････････････････････ 132

　　　　7.2.1　分析网页超链接及跳转处理 ･･････････････････････ 132

　　　　7.2.2　DOM 树节点分析及网页爬取 ･････････････････････ 135

7.3　Navicat for MySQL 工具操作数据库 ················· 137

7.3.1　连接数据库 ················· 137

7.3.2　创建数据库 ················· 139

7.3.3　创建表 ················· 141

7.3.4　数据库增删改查操作 ················· 143

7.4　MySQL 数据库存储招聘信息 ················· 146

7.4.1　MySQL 操作数据库 ················· 146

7.4.2　代码实现 ················· 148

7.5　本章小结 ················· 153

参考文献 ················· 153

第 8 章　Selenium 技术 ················· 154

8.1　初识 Selenium ················· 154

8.1.1　安装 Selenium ················· 155

8.1.2　安装浏览器驱动 ················· 156

8.1.3　PhantomJS ················· 158

8.2　快速开始 Selenium 解析 ················· 159

8.3　定位元素 ················· 162

8.3.1　通过 id 属性定位元素 ················· 163

8.3.2　通过 name 属性定位元素 ················· 165

8.3.3　通过 XPath 路径定位元素 ················· 166

8.3.4　通过超链接文本定位元素 ················· 168

8.3.5　通过标签名定位元素 ················· 169

8.3.6　通过类属性名定位元素 ················· 170

8.3.7　通过 CSS 选择器定位元素 ················· 170

8.4　常用方法和属性 ················· 170

8.4.1　操作元素的方法 ················· 170

8.4.2　WebElement 常用属性 ················· 174

8.5　键盘和鼠标自动化操作 ················· 175

8.5.1　键盘操作 ················· 175

8.5.2　鼠标操作 ················· 177

8.6　导航控制 ················· 178

8.6.1　下拉菜单交互操作 ················· 178

8.6.2　Window 和 Frame 间对话框的移动 ················· 179

8.7　本章小结 ················· 180

参考文献 ················· 180

第 9 章　用 Selenium 爬取在线百科知识 ·· 181

9.1　三大在线百科 ··· 181

9.1.1　维基百科 ··· 181

9.1.2　百度百科 ··· 183

9.1.3　互动百科 ··· 184

9.2　用 Selenium 爬取维基百科 ·· 185

9.2.1　网页分析 ··· 185

9.2.2　代码实现 ··· 190

9.3　用 Selenium 爬取百度百科 ·· 190

9.3.1　网页分析 ··· 190

9.3.2　代码实现 ··· 195

9.4　用 Selenium 爬取互动百科 ·· 198

9.4.1　网页分析 ··· 198

9.4.2　代码实现 ··· 200

9.5　本章小结 ·· 202

参考文献 ··· 203

第 10 章　基于数据库存储的 Selenium 博客爬虫 ····························· 204

10.1　博客网站 ··· 204

10.2　Selenium 爬取博客信息 ·· 206

10.2.1　Forbidden 错误 ··· 206

10.2.2　分析博客网站翻页方法 ·· 208

10.2.3　DOM 树节点分析及网页爬取 ······································ 210

10.3　MySQL 数据库存储博客信息 ·· 212

10.3.1　Navicat for MySQL 创建表 ·· 213

10.3.2　Python 操作 MySQL 数据库 ··· 214

10.3.3　代码实现 ··· 216

10.4　本章小结 ··· 222

第 11 章　基于登录分析的 Selenium 微博爬虫 ······························· 223

11.1　登录验证 ··· 223

11.2　初识微博爬虫 ·· 226

11.2.1　微　博 ··· 226

11.2.2　登录入口 ··· 227

11.2.3　微博自动登录 ··· 229

11.3　爬取微博热门信息 ·· 232

11.3.1　搜索所需的微博主题 ································· 232

11.3.2　爬取微博内容　235

11.4　本章小结 ·· 242

参考文献 ··· 242

第 12 章　基于图片爬取的 Selenium 爬虫 ······························· 243

12.1　图片爬虫框架 ··· 243

12.2　图片网站分析　245

12.2.1　图片爬取方法　245

12.2.2　全景网爬取分析　246

12.3　代码实现　250

12.4　本章小结　254

第 13 章　用 Scrapy 技术爬取网络数据 ···································· 255

13.1　安装 Scrapy ·· 255

13.2　快速了解 Scrapy 　256

13.2.1　Scrapy 基础知识　257

13.2.2　Scrapy 组成详解及简单示例 ······················· 259

13.3　用 Scrapy 爬取贵州农产品数据集　270

13.4　本章小结　285

参考文献 ··· 285

套书后记 ··· 286

致　　谢 ··· 288

第1章
网络数据爬取概述

由于 Python 具有语法清晰、简洁易学等特点,且拥有强大的第三方库支持(包括网络爬取、信息传输、数据分析、绘图可视化等库函数),所以本书选择其作为数据爬取的编程语言。

1.1 网络爬虫

随着互联网的迅速发展,万维网已成为大量信息的载体,越来越多的网民可以通过互联网获取所需的信息,如何有效地提取并利用这些信息已成为一个巨大的挑战。搜索引擎(Search Engine)作为辅助人们检索信息的工具,已成为用户访问万维网的入口和工具。常见的搜索引擎有 Google、Yahoo、百度和搜狗等,但是这些通用的搜索引擎存在着一定的局限性,比如:搜索引擎返回的结果包含大量用户不关心的网页;搜索引擎是基于关键字检索的,缺乏语义理解,导致反馈的信息不准确;通用的搜索引擎无法处理非结构性数据,以及图片、音频和视频等复杂类型的数据。

为了解决上述问题,定向爬取相关网页资源的网络爬虫应运而生。图 1.1 所示是 Google 搜索引擎的架构图,它从万维网中爬取相关数据,通过文本和链接分析进行打分排序,最后返回相关的搜索结果至浏览器。另外,现在比较热门的知识图谱也是为了解决类似的问题而提出的。

网络爬虫又被称为网页蜘蛛或网络机器人,它是一种按照一定的规则,自动爬取万维网信息的程序或者脚本。网络爬虫根据既定的爬取目标,有选择地访问万维网上的网页与相关链接,获取所需要的信息。根据使用场景,网络爬虫可分为通用网络爬虫和定向网络爬虫,其中,通用网络爬虫是搜索引擎爬取系统的重要组成部分,它将互联网上的网页信息下载至本地,形成一个互联网内容的镜像备份库,从而支撑整个搜索引擎,其覆盖面广、数据丰富,比如百度、Google 等。与通用网络爬虫不同,定向网络爬虫并不追求大的覆盖,是面向特定主题的一种网络爬虫,其目标是爬取与某

1

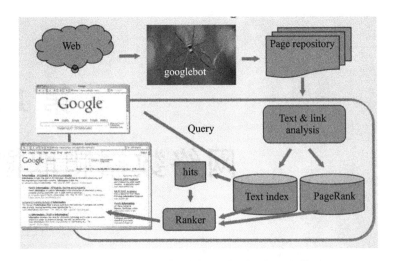

图 1.1　Google 搜索引擎架构图

一特定主题内容相关的网页,为面向主题的用户查询准备数据资源。同时,定向爬虫在实施网页爬取时,会对内容进行处理筛选,从而保证爬取的信息与主题相关。

　　网络爬虫按照系统结构和实现技术大致可以分为以下几种类型:通用网络爬虫(General Purpose Web Crawler)、聚焦网络爬虫(Focused Web Crawler)、增量式网络爬虫(Incremental Web Crawler)和深层网络爬虫(Deep Web Crawler)。实际的网络爬虫系统通常是由几种爬虫技术相结合实现的。

　　网络数据分析通常包括前期准备、数据爬取、数据预处理、数据分析、可视化绘图及分析评估 6 个步骤,如图 1.2 所示。其中,数据爬取又主要分为以下 4 个步骤:

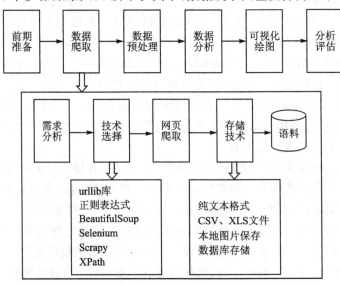

图 1.2　网络数据分析流程

① 需求分析。首先需要分析网络数据爬取的需求,然后了解所爬取主题的网址、内容分布,所获取语料的字段、图集等内容。

② 技术选择。网页爬取技术可以通过 Python、Java、C++、C♯等不同的编程语言实现,主要涉及的技术包括 urllib 库、正则表达式、Selenium、BeautifulSoup、Scrapy 等技术。

③ 网页爬取。确定好爬取技术后,需要分析网页的 DOM 树结构,通过 XPath 技术定位网页所爬取内容的节点,再爬取数据;同时,部分网站涉及页面跳转、登录验证等。

④ 存储技术。该技术主要是存储爬取的数据信息,这些数据信息主要包括 SQL 数据库、纯文本格式的文件、CSV/XLS 文件等。

后续章节将从各个知识点的角度讲述 Python 网络数据爬取的方法和实例,希望读者能够掌握爬取所需语料的方法,并能够进行相应的数据分析研究。

1.2 相关技术

1.2.1 HTTP

超文本传输协议(Hypertext Transfer Protocol,HTTP)是互联网上应用最为广泛的一种网络协议,主要用于服务器和客户机之间传输超文本文件。所有的 WWW 文件都必须遵守这个协议。1960 年,Ted Nelson 构思了一种通过计算机处理文本信息的方法,并称之为超文本,这成为 HTTP 标准架构的发展根基。设计 HTTP 最初的目的是为了提供一种发布和接收 HTML 页面的方法。

HTTP 是一个客户端和服务器端请求和应答的标准,其中,客户端是终端用户,服务器端是网站。通过使用 Web 浏览器、网络爬虫或者其他工具,客户端发起一个到服务器指定端口(默认端口为 80)的 HTTP 请求。图 1.3 所示是 HTTP 协议的原理图,通常包括两部分:

① HTTP 客户端发起一个请求,建立一个到服务器指定端口的 TCP 连接。

② HTTP 服务器则在该指定端口监听客户端发送过来的请求。一旦收到请求,服务器就向客户端发回一个状态行,比如成功访问的状态码为"HTTP/1.1 200 OK",同时返回响应消息,包括请求文件、错误消息或者其他一些信息。

1.2.2 HTML

超文本标记语言(Hypertext Markup Language,HTML)是用来创建超文本的语言。用 HTML 创建的超文本文档称为 HTML 文档,它能独立于各种操作系统平台。1991 年,Web 的发明者 Tim Berners-Lee 编写了一份叫作"HTML 标签"的文档,当时该文档包含大约 20 个用于标记网页内容的标签,这也是后来 HTML 语言的雏形。由于"HTML 标签"的便捷性和实用性,HTML 语言也就被广大用户和使用者认可,并被当作万维网信息的表示语言。使用 HTML 语言描述的文件需要通过 Web 浏览器显示效果。最新的 HTML 版本为 HTML 5,它拥有强大的灵活性,

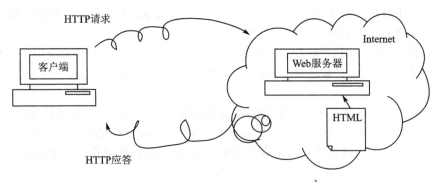

图 1.3　HTTP 协议的原理图

能编写更为高端的动态网页。

HTML 文档的源码包含大量的"< … >"和"< / … >",我们称之为标记(Tag)。标记用于分隔和区分内容的不同部分,并告知浏览器它处理的是什么类型的内容。大多数 HTML 标记的名字都能准确地描述其用途以及所标注内容的类型,如标题(<h1></h1>)、段落(<p> </p>)、图片(<img />)等。通常的网页格式如图 1.4 所示,建议读者在编写 HTML 时,把开始标签和结束标签补齐之后再编写网页内容。

HTML 的标记包含在一对尖括号(< >)之间,以使与普通文本明确区分开。第一个尖括号(<)表明标签的开头,随后是特定标签名,如 img(图像标记),最后一个反向的尖括号(>)表示结束。示例代码如下:

```
<img src = "img/python.jpg" width = "100" height = "100">
```

下面给出一段 HTML 代码及浏览器显示结果(见图 1.5),其所有内容都放在 <html> 和 </html> 两个标记符之间。图 1.5 中包含一个首部标记 <head> </head>,在首部中通常可以设置标题 <title> 和 JavaScript;还包含一个正文标记 <body> </body>,在该两标记符之间写具体的网页内容。另外,建议大家使用 Dreamweaver 或 Sublime Text 等软件编辑 HTML 代码。

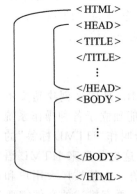

图 1.4　HTML 基本格式

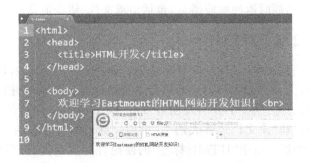

图 1.5　HTML 基础网页

注意：由于 Python 网络爬虫需要分析网页的 HTML 源码及其树形结构，所以在编写爬虫之前必须掌握 HTML 基础知识。

1.2.3　Python

Python 是荷兰人 Guido van Rossum 在 1989 年开发的一种脚本新解释语言，是一种面向对象的解释型计算机程序设计语言。Python 是纯粹的自由软件，其语法简洁清晰，特色之一是强制使用空白符（White Space）作为语句缩进。

由于 Python 具有丰富和强大的库，所以常被昵称为"胶水语言"，它能够把用其他语言制作的各种模块（尤其是 C/C++）很轻松地联结在一起。Python 作为一门语法清晰、易于学习、功能强大的编程语言，既可以作为面向对象语言应用于各领域，也可以作为脚本编程语言处理特定的功能；并且 Python 语言含有高效率的数据结构，与其他的面向对象编程语言一样，具有参数、列表、函数、流程控制（循环与分支）、类、对象、正则表达式等功能。因此，Python 凭借其诸多优点进而成为一种能在多种功能、多种平台上撰写脚本及快速开发的理想语言，其图标如图 1.6 所示。

图 1.6　Python 图标

1.3　本章小结

由于 Python 具有语法清晰、简单易学、短小精炼、高效开发、拥有数量庞大的第三方库和活跃的开发社区等特点，越来越被广大的开发人员和编程爱好者所选择。同时随着网络数据爬取的火热，Python 提供了更加丰富的第三方库，如 urllib、BeautifulSoup、Selenium、Scrapy 等。本章主要介绍网络数据爬取的基础知识，包括网络爬虫的定义、网络数据爬取的基本流程以及相关技术。接下来让作者带领大家走进 Python 数据爬取的海洋吧！

参考文献

[1] 佚名. 网络爬虫[EB/OL].［2017-8-08］. https://baike. baidu. com/item/网络爬虫/5162711.

[2] 佚名. HTTP[EB/OL].［2017-8-08］. https://baike. baidu. com/item/http/243074? fr=aladdin.

第 2 章

Python 知识初学

本章将介绍 Python 的基础知识,包括初识 Python、基础语法、数据类型、条件语句、循环语句、函数、字符串操作、文件操作、面向对象等。

2.1 Python 简介

1. Python 的特点

Python 是 Guido van Rossum 在 1989 年开发的一种脚本新解释语言,是 ABC 语言的一种继承。由于作者是 Monty Python 喜剧团的一名爱好者,故将其命名为 Python(蟒蛇)。Python 作为一种热门语言,具有以下特点:

● 语法清晰,代码友好,易读。

Python 是一种纯粹的自由软件,源码和解释器 CPython 遵循 GNU GPL(GNU General Public License)协议,其语法简洁清晰,并且强制用空白符作为语句缩进。代码友好及易于学习的特点使 Python 变得越发流行,只要感兴趣就可以学习它,享受它所带来的乐趣。

● 应用广泛,具有大量的第三方库(尤其是机器学习、人工智能相关库)支持。

Python 具有丰富和强大的库,能够把用其他语言制作的各种模块(尤其是 C/C++)轻松地联结在一起。比如 3D 游戏中的图形渲染模块,其性能要求特别高,这时就可以用 C/C++重写,然后封装为 Python 可以调用的扩展类库;再比如绘制 2D 图形的 Matplotlib 库,调用时类似于 MATLAB 的函数。另外,随着机器学习和人工智能越来越受到关注,Python 也变得越来越热,成为主流的编程语言之一。

● Python 可移植性强,易于操作各种存储数据的文本文件和数据库。

Python 适用于各种操作系统,包括 Unix、Windows、Macintoch、OS/2 等,因此其在计算机领域中的发展非常迅速。同时,Python 易于操作各种格式的文本文件,包括 CSV、Excel 和 TXT 等，而且还可以操作数据库，这些优势都使其被广泛应用于数据分析和 Web 开发领域。

● Python 是一种面向对象语言，支持开源思想。

面向对象程序设计为结构化、过程化程序设计增加了新的活力，其允许将特定的行为、特性和功能与将要处理的数据关联在一起，对象可以被多次使用。面向对象的特点在一定程度上使 Python 变得更加强大，有效地支持其发展壮大。同时，Python 支持开源思想，使其不断吸收其他语言或技术的优点来提升自己，供更多爱好者学习。

图 2.1 所示是 Tiobe 编程语言最新排行榜（部分），其中 Python 排名第五，并且随着大数据、数据分析、深度学习、人工智能的迅速发展，Python 受到的关注程度越来越高。2017 年，IEEE 最新调查显示，Python 是本年度最受欢迎或热门的编程语言。

Sep 2017	Sep 2016	Change	Programming Language	Ratings	Change
1	1		Java	12.687%	-5.55%
2	2		C	7.382%	-3.57%
3	3		C++	5.565%	-1.09%
4	4		C#	4.779%	-0.71%
5	5		Python	2.983%	-1.32%
6	7	⌃	PHP	2.210%	-0.64%
7	6	⌄	JavaScript	2.017%	-0.91%
8	9	⌃	Visual Basic .NET	1.982%	-0.36%
9	10	⌃	Perl	1.952%	-0.38%
10	12	⌃	Ruby	1.933%	-0.03%
11	18	⌃⌃	R	1.816%	+0.13%
12	11	⌄	Delphi/Object Pascal	1.782%	-0.39%
13	13		Swift	1.765%	-0.17%
14	17	⌃	Visual Basic	1.751%	-0.01%
15	8	⌄⌄	Assembly language	1.639%	-0.78%
16	15	⌄	MATLAB	1.630%	-0.20%
17	19	⌃	Go	1.567%	-0.06%
18	14	⌄⌄	Objective-C	1.509%	-0.34%
19	20	⌃	PL/SQL	1.484%	+0.04%
20	26	⌃⌃	Scratch	1.376%	+0.54%

图 2.1　Tiobe 编程语言最新排行榜（部分）

2. 安装过程

利用 Python 编程之前，首先需要安装 Python 软件。本书主要介绍在 Windows 系统下 Python 软件的安装过程，同时书中所有的代码都是基于 Windows 系统下的 Python 软件编写的。如果选择在 Windows 系统下编写 Python 代码，则可以在 Python 官网上的 Downloads 页面中下载该软件，其官网网址为 http://www.python.

org，如图2.2所示；如果是在Linux系统下编写Python代码，则可以直接在Linux系统中内置安装Python解释器。

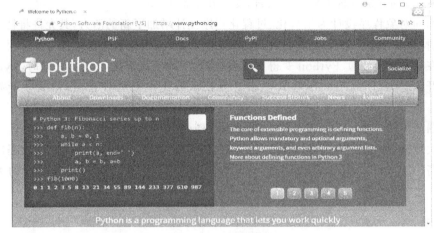

图2.2　Python官网

注意：前言已经介绍本书选择Python 2.7版本的原因，书中所有代码都是使用Python 2.7版本编写的。作者也建议读者学习Python 3.0以上的版本，它们的基本语法都是一致的，只有部分变动。

在图2.2中单击Downloads进入下载页面，然后选择适合自己计算机的版本，如图2.3所示。

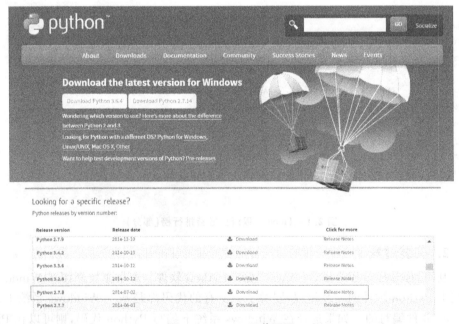

图2.3　Python下载页面

作者选择的是 Python 2.7.8 版本,从下载页面中
找到对应的 Python 2.7.8 版本并下载,这里选择"Win-
dows x64 MSI Installer(2.7.8)"版本,即 Windows 操
作系统 64 位的 Python 解释器,如图 2.4 所示。

图 2.4　下载的 Python 软件

双击"python - 2.7.8.msi"图标进行安装,如图 2.5 所示。

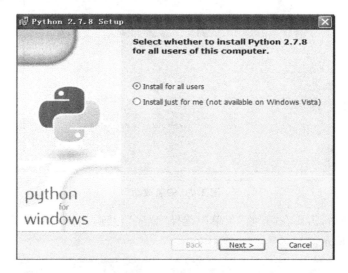

图 2.5　安装 Python 软件

接下来只需按照 Python 安装向导,单击 Next 按钮选择默认设置即可。这里建
议安装路径选择默认的"C:\Python27\",以防止中文路径乱码错误等问题,如
图 2.6 所示。

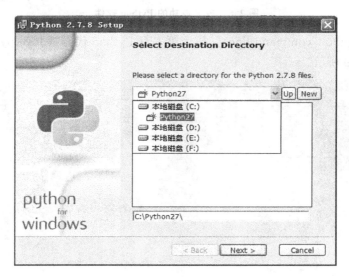

图 2.6　设置安装路径

9

然后继续单击 Next 按钮,直到安装完成,单击 Finish 按钮,如图 2.7 所示。

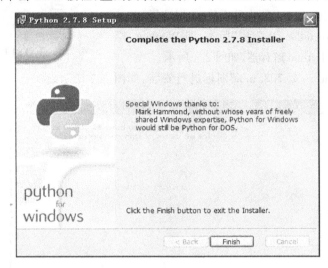

图 2.7　安装成功

安装成功后,需要在"开始"菜单中选择"程序",然后找到安装成功的 Python 软件,如图 2.8 所示。

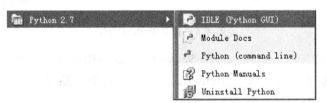

图 2.8　安装成功的 Python 软件

打开"Python(command line)",输入第一行 Python 代码"I love python",输出结果如图 2.9 所示。

图 2.9　Python(command line)

当编写大段代码或自定义函数时，Python(command line)肯定不是一个很好的选择，读者可以选择"IDLE(Python GUI)"，运行 Python 的集成开发环境(Integrated Development Environment，IDLE)，输出的第一行代码如图 2.10 所示。

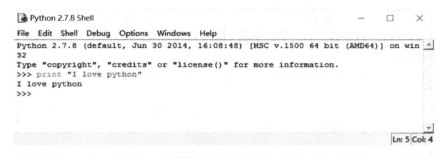

图 2.10　输出的第一行代码

选择 File→New File 菜单项，新建文件，并另存为 PY 文件，如"test.py"；然后选择 Run→Run Module 菜单项(见图 2.11)，运行 Python 脚本文件。

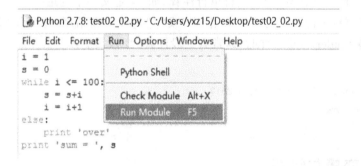

图 2.11　选择 Run→Run Module 菜单项

2.2　基础语法

本节开始讲解 Python 的基础语法，包括缩进与注释、变量与常量、输入与输出、赋值与表达式等内容。

2.2.1　缩进与注释

1. 缩　进

不同于其他语言，Python 是通过缩进来标明代码的层次关系的。其中，1 个缩进等于 4 个空格，它是 Python 语言中标明程序框架的唯一手段。

在 Python 中，同一个语句块中的每条语句都是缩进的，并且缩进量相同，当回退或已经闭合语句块时，需要回退至上一层的缩进量，表示当前块结束。表 2.1 所列

11

是 C 语言和 Python 语言代码的对比,其中,C 语言用大括号来区分层次关系,Python 语言用缩进来区分层次关系。

表 2.1　C 语言与 Python 语言代码对比

C 语言	Python 语言

int i = 10;
 if (i > 20) {
 　　printf("输出结果大于 20\n");
 }
 else {
 　　printf("输出结果小于或等于 20\n");
 }
	i = 10
	 if i > 20:
	 　　print u"输出结果大于 20"
	 else:
	 　　print u"输出结果小于或等于 20"

2. 注　释

注释是用于说明代码信息的,注释代码不执行。Python 注释主要包括两种:

① 行注释:采用"♯"开头进行单行注释,如"♯定义一个变量"。

② 块注释:多行说明的注释采用"'''"或""""""开头和结尾,比如使用 Python 集成开发环境 Spider 新建文件时,通常有一段注释说明,如下.

```
"""
Created on Sat Sep 16 10:34:31 2017
@author:yxz
"""
```

2.2.2　变量与常量

1. 常　量

常量是指程序中值不发生改变的元素,一旦初始化后就不能对其进行修改的固定值,它是内存中用来保存固定值的单元。由于某种原因,Python 并未提供如 C/C++/Java 一样的 const 修饰符,换言之,Python 并没有定义常量的关键字。但是,Python 可以使用对象的方法来创建常量。下面介绍一个 Python 定义常量的实例。

首先给出 const. py 文件,该文件(类)定义了"__setattr__"方法和 ConstError 异常。通过调用该类自带的字典"__dict__"来判断定义的常量是否包含在字典中,如果字典中包含此变量则将抛出异常,否则将给新创建的常量赋值。最后两行代码将 const 类注册到 sys. modules 全局字典中,完整代码如下:

const. py

```
class _const(object):
```

```
class ConstError(TypeError): pass
def __setattr__(self, name, value):
    if self.__dict__.has_key(name):
        raise self.ConstError, "Can't rebind const(%s)" % name
    self.__dict__[name] = value
def __delattr__(self, name):
    if name in self.__dict__:
        raise self.ConstError, "Can't unbind const(%s)" % name
    raise NameError, name
import sys
sys.modules[__name__] = _const()
```

接下来将 const.py 文件放到 Python 开发目录下的 Lib 目录中,该目录主要存放一些模块内容,使下次使用常量时只需导入 const 模块即可。使用常量的代码如下:

```
import const
const.value = 5
print const.value
```

执行代码输出结果为"5",如果再给 const.value 赋值为 7,则会出现异常错误,说明 const.value 是常量,也说明该变量在初始化之后就不能再对其进行修改了,具体代码如下:

```
import const
const.value = 7
print const.value

"""Traceback (most recent call last):
  File "C:\Python\lib\const.py", line 6, in __setattr__
    raise self.ConstError, "Can't rebind const(%s)" % name
const.ConstError: Can't rebind const(value)
"""
```

2. 变　量

变量是程序中值可以发生改变的元素,是内存中命名的存储位置。变量代表或引用某值的名字,比如希望用 N 代表 3,name 代表"hello"等。其命名规则如下:

① 变量名是由大小写字符、数字和下画线(_)组合而成的。

② 变量名的第一个字符必须是字母或下画线(_)。

③ Python 中的变量是区分大小写的,比如"TEST"和"test"是两个变量。

④ 在 Python 中对变量进行赋值时,使用单引号和双引号的效果是一样的。

注意:Python 中已经被使用的一些关键词不能用于声明变量,如下:

['and', 'as', 'assert', 'break', 'class', 'continue', 'def', 'del', 'elif', 'else', 'except', 'exec', 'finally', 'for', 'from', 'global', 'if', 'import', 'in', 'is', 'lambda', 'not', 'or', 'pass', 'print', 'raise', 'return', 'try', 'while', 'with', 'yield']

不同于 C/C++/Java 等语言,Python 中的变量不需要声明,就可以直接使用赋值运算符对其进行赋值操作,根据所赋的值来决定其数据类型,如图 2.12 所示。

```
>>> a = 10
>>> print a,type(a)
10 <type 'int'>
>>> b = 1.3
>>> print b,type(b)
1.3 <type 'float'>
>>> c = "hello world"
>>> print c,type(c)
hello world <type 'str'>
>>>
```

图 2.12　未声明直接赋值

2.2.3　输入与输出

1. 输　入

Python 的输入函数主要包括:input()或 raw_input()。

(1) input()函数

input()函数从控制台获取用户输入的值,格式为: < 变量 > ＝input(< 提示性文字 >)。获取的输入结果为用户输入的字符串或值,并保存在变量中。输入字符串和整数实例如下,其中,type()函数用于查找变量的类型。

```
>>> str1 = input("input:")
input:"I am a teacher"
>>> print str1
I am a teacher

>>> age = input("input:")
input:25
>>> print age,type(age)
25 < type 'int' >
>>>
```

(2) raw_input()函数

raw_input()函数是另一种输入操作,其返回 string 字符串。输入以换行符结束,利用 help(raw_input) 可以进行查找帮助。常见格式为: s = raw_input ([prompt]),其中参数[prompt]可选,用于提示用户输入。示例代码如下,第一段代码输入"hello world"，第二段代码输入"25"。

```
>>> str1 = raw_input("input:")
input:hello world
>>> print str1
hello world

>>> age = raw_input("input:")
input:25
>>> print age,type(age)
25 < type 'str' >
>>>
```

input()函数和 raw_input()函数的主要区别：

① input()函数要求 Python 变量格式规范，字符串必须用引号括起来，如"abc"，否则会报错"NameError：name 'abc' is not defined"；而对于 raw_input()函数，任何类型的输入都接受。

② raw_input()函数将所有的输入都作为字符串，返回 string 字符串，如上面例子中的 age；而 input()函数输入纯数字时具有自己的特性，返回输入的数字类型为 int 或 float。

2. 输　出

输出使用 print()函数实现，可以输出字符信息或变量。它包括两种格式：print a 或 print(a)，表示输出变量 a 的值。如果需要输出多个变量，则采用逗号连接，如 print a,b,c。输出示例如图 2.13 所示。print()函数可以输出各种类型的变量。

同时，Python 支持格式化输出数据，需要调用 format()函数来实现，其输出格式为：print(format(val,format_modifier))，其中，val 表示值，format_modifier 表示格式字。示例如图 2.14 所示。其中，"6.2f"表示输出 6 位数值的浮点数，小数点后精确到两位，输出值的最后一位采用四舍五入的方式计算，最终输出的结果为"12.35"。".2%"表示输出百分数，保留两位有效数字，其输出结果为"34.56%"。如果想输出整数，则直接使用".0f"。

```
>>> print 3
3
>>> print "I love Python"
I love Python
>>> a = 1
>>> b = 2
>>> c = 3
>>> print(a)
1
>>> print a
1
>>> print a,b,c
1 2 3
>>>
```

```
>>> print(format(12.3456,'6.2f'))
 12.35
>>> print(format(12.3456,'4.0f'))
  12
>>> print(format(0.3456,'.2%'))
34.56%
>>>
```

图 2.13　输出示例　　　　　　图 2.14　格式化输出

2.2.4 赋值与表达式

1. 赋 值

Python 中的赋值语句是使用等号(=)直接给变量赋值,如"a=10"。如果需要同时给多个变量进行赋值,则表达式如下:

<变量 1>,<变量 2>,…,<变量 n> = <表达式 1>,<表达式 2>,…,<表达式 n>

它先运算右侧 n 个表达式,然后同时将表达式结果赋给左侧变量。

举例如下:

```
>>> a,b,c = 10,20,(10+20)/2
>>> print a,b,c
10 20 15
>>>
```

2. 表达式

表达式是程序中产生或计算新数据值的一行代码,通常由变量、常量或操作符号产生,赋值表达式如 a=10。定义表达式时应注意以下几点:

① 使用变量之前必须对其赋值,使用赋值表达式对其赋值。

② 表达式要遵循句首缩进规律,且不能改变其空格数量。

③ 表达式中可以适量增加空格,使程序的可读性更高,但空格不能分割变量的命名方式。比如"a=b+c",在运算符之间可适当增加空格。

2.3　数据类型

讲完 Python 基础知识后,让作者带领大家认识 Python 的常用数据类型。

2.3.1　数字类型

Python 常见的数字类型包括整数类型、浮点数类型和复数类型。

① 整数类型:对应数学中的整数,其返回类型为 int 型,如 10、25 等。

② 浮点数类型:带有小数点的数字,其返回类型为 float 型,如 3.14、2.1e2 等。

③ 复数类型:Python 复数分为两部分,例如 a+bj,其中 a 为实部,b 为虚部,其返回类型为 complex,例如 $-12.3+8j$。复数可以通过.real 获取实部数据,通过.imag 获取虚部数据,示例代码如下:

```
>>> z = -12.3 + 8j
>>> print z, type(z)
(-12.3+8j) <type 'complex'>
```

```
>>> print z.real, z.imag
- 12.3 8.0
```

注意：Python 中的数字类型是可以相互转换的，其中，浮点数类型可以通过调用 int()函数而转换为整数，如 int(3.14)的返回结果为 3；整数类型可以通过调用 float()函数而转换为小数；浮点数类型可以通过调用 complex()函数而转换为复数。

2.3.2　字符串类型

在 Python 中，字符串类型是指需要用单引号或双引号括起来的一个字符或字符串。该类型调用 type('Python')函数返回的结果是 str 类型。

字符串表示一个字符的序列，其最左端表示字符串的起始位置，下标为 0，然后依次递增。字符串对应的编号称为"索引"，比如 str1='Python'，则 str1[0]获取第一个字符，即字母"P"；并且字符串提供了一些操作和函数供用户使用，比如 len(str1)用于计算字符串长度，其返回结果为 6。有关字符串类型的更多知识见 2.7 节。

2.3.3　列表类型

在 Python 中，列表是非常重要的一个数据类型，它是在中括号([ ])中用逗号分隔的元素集合。列表中的元素可以通过索引进行单个访问，并且每个元素之间都是有序的。例如：

```
>>> list1 = [1, 2, 3, 4, 5]
>>> print list1
[1, 2, 3, 4, 5]
>>> print list1[0]
1
>>> print type(list1)
< type 'list' >

>>> list2 = ['I', 'am', 'a', 'teacher']
>>> print list2
['I', 'am', 'a', 'teacher']
>>> print list2[3]
teacher
>>>
```

列表中的每个元素可以定义为不同的数据类型，如 list1 = [1, 1.3, 'teacher']。其操作方法与字符串类似，例如，可以采用加号(＋)拼接，采用乘号(*)重复显示，也可以切片获取列表中的子元素，示例代码如下：

```
>>> list1 = [1, 2, 3, 4, 5]
>>> list2 = [6, 7, 8]
>>> print list1 + list2
```

```
[1, 2, 3, 4, 5, 6, 7, 8]
>>> print list2 * 3
[6, 7, 8, 6, 7, 8, 6, 7, 8]
>>> print list1[2:4]
[3, 4]
>>>
```

列表中的常见方法如表 2.2 所列,假设存在列表 list1 = [4, 2, 1, 5, 3]。

表 2.2　列表中的常见方法

方　法	含　义	举　例
append(x)	将元素 x 增加到列表的最后	list1.append(0) print list1 # [4, 2, 1, 5, 3, 0]
sort()	将列表元素排序	list1.sort() print list1 # [0, 1, 2, 3, 4, 5]
reverse()	将序列元素反转	list1.reverse() print list1 # [5, 4, 3, 2, 1, 0]
index(x)	返回第一次出现元素 x 的索引值	list1.index(3) #2 #第 3 个位置的值为 3
insert(i, x)	在位置 i 处插入新元素 x	list1.insert(2,8) print list1 # [5, 4, 8, 3, 2, 1, 0] #在第 3 个位置处插入 8
count(x)	返回元素 x 在列表中的数量	num = list1.count(1) print num # 1 #元素 x 在列表中共出现 1 次
remove(x)	删除列表中第一次出现的元素 x	list1.remove(3) print list1 # [5, 4, 8, 2, 1, 0]
pop(i)	取出列表中位置 i 处的元素,并将其删除	list1.pop(1) # 4 print list1 # [5, 8, 2, 1, 0] #取出列表中的第二个元素并删除

2.3.4　元组类型

元组是与列表类似的一种数据类型,它采用括号定义一个或多个元素的集合,其返回类型为 tuple。示例代码如下:

```
>>> t1 = (12,34,'Python')
>>> print t1
(12,34,'Python')
>>> print type(t1)
<type 'tuple'>
>>> print t1[2]
Python
>>>
```

注意:可以定义空的元组,如 t2＝();元组可以通过索引访问,比如上述代码中的 t1[2]访问第 3 个元素,即"Python";当元组定义后就不能进行更改,也不能删除,这不同于列表,由于元组的这种不可变特性,因此它的代码更加安全。

2.3.5　字典类型

在 Python 中,字典是针对非序列集合提供的,由键值对(<Key> <Value>)组成。字典是键值对的集合,其类型为 dict。键是字典的索引,一个键对应一个值,通过键值可查找字典中的信息,这个过程叫作映射。示例代码如下,通过键值对可以获取"4"对应的"Guiyang"。

```
>>> dic = {"1":"Beijing","2":"Shanghai","3":"Chengdu","4":"Guiyang"}
>>> print dic
{'1':'Beijing', '3':'Chengdu', '2':'Shanghai', '4':'Guiyang'}
>>> print dic["4"]
Guiyang
```

字典与列表主要存在以下几点不同:

① 列表中的元素是顺序排列的,字典中的数据是无序排列的;

② 映射方式不同,列表通过地址映射到值,字典通过键值对映射到值;

③ 列表只能通过数字下标或索引进行访问,字典可以用各种对象类型作为键进行访问。

2.4　条件语句

在讲述条件语句之前,需要先补充语句块的知识。语句块并非一种语句,它是在条件为真时执行一次或执行多次的一组语句。在代码前放置空格缩进即可创建语句块,它类似于 C、C++、Java 等语言中的大括号(﹛ ﹜)来表示一个语句块的开始和结束。在 Python 中使用冒号(:)标识语句块的开始,块中每一条语句都有缩进,并且缩进量相同,当回退到上一层缩进量时,就表示当前语句块已经结束。下面开始详细讲解条件语句。

2.4.1 单分支

单分支语法如下:

```
if <condition>:
    <statement>
    <statement>
```

其中,<condition>是条件表达式,基本格式为 <expr> <relop> <expr>;<statement>是语句主体。如果判断条件为真(True)就执行<statement>语句;如果为假(False)就跳过<statement>语句,执行下一条语句。条件判断通常有布尔表达式(True、False)、关系表达式(>、<、>=、<=、==、!=)和逻辑运算表达式(and、or、not,其优先级从高到低依次是 not、and、or)等。

注意·在 Python 2. x 中,条件表达式是不强制要求用括号括起来的,但条件表达式后面一定要添加冒号。示例代码如下:

```
a = 10
if a==10:
    print u'变量 a 等于 10'
    print a
```

2.4.2 二分支

二分支语法如下:

```
if <condition>:
    <statement>
    <statement>
else:
    <statement>
    <statement>
```

如果条件语句 <condition> 为真,则执行 if 中的语句块;如果条件语句 <condition> 为假,则执行 else 中的语句块。条件语句的格式为 <expr> <relop> <expr>,其中 <expr> 为表达式,<relop> 为关系操作符。例如:a>= 10,b!= 5 等。示例代码如下:

```
a = 10
```

```
if a >= 5:
    print u'变量 a 大于或等于 5'
    print a
else:
    print u'变量 a 小于 5'
    print a
```

由于变量 a 为 10,大于 5,所以执行 if 中的语句,输出结果如下:

```
变量 a 大于或等于 5
10
```

2.4.3　多分支

if 多分支由 if-elif-else 组成,其中,elif 相当于 else if,同时它可以使用多个 if 的嵌套。具体语法如下:

```
if <condition1>:
    <case1 statements>
elif <condition2>:
    <case2 statements>
elif <condition3>:
    <case3 statements>
...
else:
    <default statements>
```

该语句是顺序评估每个条件,如果当前条件分支为 True,则执行对应分支下的语句块;如果没有任何条件成立,则执行 else 中的语句块,其中,else 是可以省略的。示例代码如下:

test02_01. py

```
num = input("please input:")
print num
if num >= 90:
    print 'A Class'
elif num >= 80:
    print 'B Class'
elif num >= 70:
    print 'C Class'
elif num >= 60:
    print 'D Class'
else:
```

```
print 'No Pass'
```

输出值为 76，在 80～70 之间，成绩等级为 C，输出结果如图 12.15 所示。

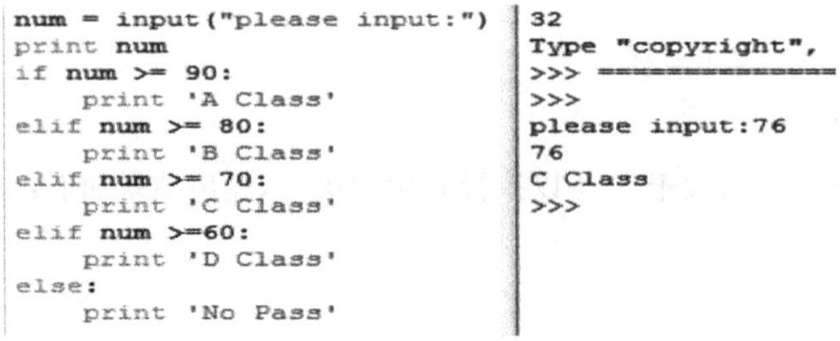

```
num = input("please input:")      32
print num                         Type "copyright",
if num >= 90:                     >>> ================
    print 'A Class'               >>>
elif num >= 80:                   please input:76
    print 'B Class'               76
elif num >= 70:                   C Class
    print 'C Class'               >>>
elif num >=60:
    print 'D Class'
else:
    print 'No Pass'
```

图 2.15　多分支输出结果

2.5　循环语句

Python 循环语句主要分为 while 循环和 for 循环，下面将分别进行介绍。

2.5.1　while 循环

while 循环语句的基本格式如下：

```
while <condition> :
    <statement>
else:
    <statement>
```

如果条件表达式 <condition> 为真，则重复执行循环体，直到条件判断为假，循环体终止；如果第一次判断条件就为假，则直接跳出循环执行 else 中的语句（注意 else 语句可以省略）。条件语句 condition 包括布尔表达式（True、False）、关系表达式（>、<、>=、<=、==、!=）和逻辑运算表达式（and、or、not）等。

下面的示例代码是作者写博客或授课时，讲述循环语句最常用的例子，求 1+2+3+…+100 的结果，答案是 5 050。该段代码反复执行"i<=100"语句进行判断，当 i 加到 101 时，若判断 i<=100 为假则结束循环执行 else 语句。

test02_02. py

```
i = 1
s = 0
while i < = 100:
    s = s + i
    i = i + 1
else:
```

```
    print 'over'
print 'sum = ', s
```

再举一个实例。定义一个 while 循环，调用 webbrowser 库中的 open_new_tab（）函数循环打开百度首页。下面代码的功能是反复打开百度首页 5 次，具体如下：

test02_03. py

```
import webbrowser as web
import time
import os
i = 0
while i < 5：
    web. open_new_tab('http://www. baidu. com')
    i = i + 1
    time. sleep(0.8)
else：
    os. system('taskkill /F /IM iexplore. exe')
print 'close IE'
```

上述代码是调用 webbrowser 库中的 open_new_tab（）函数来打开百度首页 5 次，最后循环结束执行 os. system（）操作系统函数，调用 taskkill 命令结束 IE 浏览器进程（Iexplore. exe），其他浏览器程序可相应修改为 chrome. exe、qq. exe 或 firefox. exe 等。其中，"/F"表示强行终止程序，"/IM"表示图像，如图 2.16 所示。

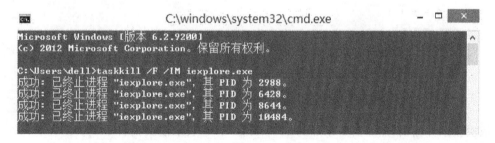

图 2.16　CMD 结束浏览器进程

注意：上述代码实现了循环打开某个网站的功能，可用于刷取网页浏览量或 Web 开发测试等。比如新浪博客等部分网页打开一次浏览器就会计算一次浏览次数，通过上述代码可以循环增加阅读量，而部分网站是通过浏览量进行排序的。但作者引入该代码仅为使读者了解循环，也为学习后面的爬虫知识埋下伏笔。

2.5.2　for 循环

for 循环语句的基本格式如下:

```
for <var> in <sequence>:
    <statement>
    <statement>
```

自定义循环变量 var 遍历 sequence 序列中的每一个值,每个值都执行一次循环的语句块。sequence 表示序列,常见类型有 list(列表)、tuple(元组)、strings(字符串)和 files(文件)。

下面的代码是求 1~100 的和,以及输出由星号组成的三角形的示例。

test02_04.py

```
#元组循环
tup = (1,2,3,4,5)
for n in tup:
    print n
else:
    print 'End for\n'
#计算 1 + 2 + ⋯ + 100
s = 0
for i in range(101):
    s = s + i
print 'sum = ', s
#输出星号三角形
for i in range(10):
    print " * " * i
```

```
>>>
1
2
3
4
5
End for

sum = 5050

*
**
***
****
*****
******
*******
********
*********
>>>
```

图 2.17　输出结果

输出结果如图 2.17 所示。循环遍历元组 tup 变量中的值,依次获取并输出;然后由 1 累加到 100,range(101)表示依次获取 101 范围内的 100 个数字,其累加结果为 5 050;最后输出星号三角形,其中"print" * " * i"代码中的第一个" * "表示输出星号字符串,第二个星号是乘法,"" * " * 5"表示输出 5 个星号,即" * * * * * ",最终输出三角形。

2.5.3　break 和 continue 语句

break 和 continue 语句是两个常用的跳出循环的语句。

1. break 语句

break 语句:跳出最内层的 while、for 循环。示例代码如下:

```
s = 0
num = 0
while num <20:
    num += 1
    s += num
    if s >100:
        break
print "The sum is", s
```

\# The sum is 105

当求和变量 s 大于 100 时,进入 if 判断语句,执行 break 语句跳出循环,最后输出 105。

2. continue 语句

continue 语句:跳出本次循环,下一次继续判断执行。示例代码如下:

```
for num in range(10):
    if num % 2 == 0:
        print "even number:", num
        continue
    print "number:",num
```

当为偶数时 continue 跳出当前循环,所以 for 循环中只输出偶数,输出结果如下:

```
>>>
even number: 0
number: 1
even number: 2
number: 3
even number: 4
number: 5
even number: 6
number: 7
even number: 8
number: 9
>>>
```

2.6　函　数

当读者需要完成特定功能的语句块时,需要通过调用函数来完成相应的功能。函数分为无参数函数和有参数函数,当函数提供不同的参数时,可以实现对不同数据的处理。下面从自定义函数、常见内部函数、第三方库函数 3 个方面进行讲解。

2.6.1 自定义函数

1. 定义方法

为了简化编程,提高代码的复用性,可以自定义函数。函数定义如下:

```
def funtion_name([para1,para2,…,paraN]):
    statement1
        statement2
        …
    [return value1,value2,…,valueN]
```

其中,定义函数需要使用 def 关键词,function_name 表示函数名,后面的冒号(:)不要忘记;[para1,para2,…,paraN]表示参数,可以省略,也可以有多个参数;[return value1,value2,…,valueN]表示返回值,可以无返回值,也可以有多个返回值。需要注意的是,如果自定义函数有返回值,那么主调函数就需要接受返回的结果。

函数调用时,形参被赋予真实的参数,然后执行函数体,并在函数结束调用时返回结果。return 语句表示退出函数并返回到函数被调用的地方,返回值传递给调用程序。

首先来看一个无返回值的求和函数 fun1(),代码如下:

test02_05. py

```
def fun1(a,b):
    print a,b
    c = a + b
    print 'sum = ',c
fun1(3,4)
# 3 4
# sum = 7
```

再来看一个包含多个返回值的计算器函数 fun2(),return 返回 5 个结果,代码如下:

test02_06. py

```
# 函数定义
def fun2(a,b):
    print a,b
    X = a + b
    Y = a - b
    Z = a * b
    M = a / b
    N = a ** b
```

```
    return X,Y,Z,M,N
#函数调用
a,b,c,d,e = fun2(4,3)
print 'the result are ',a,b,c,d,e
re = fun2(2,10)
print re
```

依次返回加法、减法、乘法、除法、幂运算结果,如下:

```
>>>
4 3
the result are   7 1 12 1 64
2 10
(12, -8, 20, 0, 1024)
>>>
```

2. 自定义函数的参数含预定义值

预设值是指在自定义函数基础上,对某些参数赋予预定义值。例如:

```
def fun3(a,b,c = 10):
    print a,b,c
    n = a + b + c
    return n


print 'result1 = ',fun3(2,3)
print 'result2 = ',fun3(2,3,5)
```

第一次调用时 a 为 2,b 为 3,c 为预定义值 10,求和输出 15;第二次调用时修改了 c 的预定义值,赋值为 5,求和即为 2+3+5=10。

注意:函数调用时,建议采用一对一赋值的形式,除此之外,也可以在函数调用中给出具体的形参进行赋值。但需要注意的是,在函数调用过程中(使用函数时),有预定义值的参数不能先于无预定义值的参数被赋值。

2.6.2　常见内部库函数

Python 系统内部提供了一些库函数供大家使用,这里主要介绍最常见的 4 个库函数,即 str 字符串库函数、math 数学库函数、os 操作系统库函数、socket 网络套接字库函数,如表 2.3 所列。

表 2.3　Python 常见内部库函数

库函数	函数说明
str	Python 字符串库函数,提供处理字符串的各种操作。比如:islower()函数用于判断字符串是否大小写,format()函数是格式化输出数据函数,len()函数常用于求字符串的长度。推荐使用 help(str.len)查看函数的具体用法
math	Python 数学库函数,提供各种数学处理函数。比如:math.pi 用于求圆周率,sin()函数用于求正弦值,cos()函数用于求余弦值,pow(x,y)函数用于计算 x 的 y 次幂等。通过 import math 导入数学库后方能调用对应的数学函数
os	Python 操作系统库函数,通过 import os 导入。比如:os.makedirs()函数用于生成目录,os.remove()函数用于删除一个文件,os.system()函数用于运行 shell 命令等
socket	Python 系统内部提供的网络套接字库函数,主要用于套接字网络编程。比如:gethostbyname()函数用于获取主机 IP 地址

下述代码是表 2.3 中 4 个常见内部库函数的具体用法,如下:

test02_07. py

```
# - * - coding:utf - 8 - * -
#字符串库函数
str1 = "hello world"
print u'计算字符串长度:', len(str1)
str2 = str1.title()
print u'首字母大写标题转换:', str2
str3 = '12ab34ab56ab78ab'
print u'字符串替换:', str3.replace('ab',")

#数学库函数
import math
print math.pi
num1 = math.cos(math.pi/3)
print u'余弦定律:', num1
num2 = pow(2,10)
print u'幂次运算:', num2
num3 = math.log10(1000)
print u'求以 10 为底的对数:', num3

#操作系统库函数
import os
print u'输出当前使用平台:', os.name
path = os.getcwd()
print u'获取当前工作目录 ', path
```

os.system('taskkill /F /IM iexplore.exe')　♯关闭浏览器进程

♯网络套接字库函数
import socket
ip = socket.gethostbyname('www.baidu.com')
print u'获取百度 ip 地址 ', ip

输出结果如图 2.18 所示。

```
>>>
计算字符串长度: 11
首字母大写标题转换: Hello World
字符串替换: 12 34 56 78
3.14159265359
余弦定律: 0.5
幂次运算: 1024
求以10为底的对数: 3.0
输出当前使用平台: nt
获取当前工作目录 C:\Users\yxz15\Desktop
获取百度ip地址 14.215.177.39
>>>
```

图 2.18　输出结果

2.6.3　第三方库函数

Python 作为一门开源语言,它支持各种第三方提供的开源库供用户使用。其使用第三方函数库时的具体格式为

module_name.method(parametes)

上述格式表示"第三方函数名.方法(参数)"。例如,httplib\httplib2 库针对的是 HTTP 和 HTTPS 的客户端协议,使用 httplib2 库函数之前,如果没有安装 ht-tplib2 库就会报错"ImportError：No module named httplib2",如图 2.19 所示。

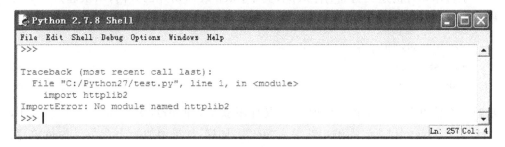

```
Python 2.7.8 Shell
File  Edit  Shell  Debug  Options  Windows  Help
>>>

Traceback (most recent call last):
  File "C:/Python27/test.py", line 1, in <module>
    import httplib2
ImportError: No module named httplib2
>>> |
                                              Ln: 257 Col: 4
```

图 2.19　导入错误

在 Linux 环境中,输入命令"easy_install httplib2"就可以自动安装扩展库,而在 Windows 环境下则需要先安装 pip 或 easy_install 工具,再调用相关命令执行安装。在 4.1.2 小节将讲解 pip 安装工具及其用法,后续章节也会继续介绍如何使用第三

方库函数来实现数据爬取操作。

2.7 字符串操作

字符串是指有序的字符序列集合,用单引号、双引号、三重(单双均可)引号引起来,其中,使用三重引号引起来的字符串变量可以用于定义换行的字符串。比如:

```
str1 = 'hello world'
str2 = "hello world"
str3 = """hello world"""
```

字符串支持格式化输出,但需要引入操作符百分号(%)实现。在百分号(%)的左侧放置一个格式化字符串,右侧放置期望的格式化值,也可是元组和字典。例如:

```
>>> print "Hi! My Name is %s,I am %d years old and %f pounds heavy." % ("YXZ", 26,
55.5)
Hi! My Name is YXZ,I am 26 years old and 55.500000 pounds heavy.
>>>
```

依次输出字符串(%s)、整数(%d)和浮点数(%s)3 个值。同时字符串支持各种操作,尤其是处理文本内容时更需要使用这些方法及函数。下面将讲解常用函数。

1. 基础操作

字符串的基本操作包括求长度、拼接、重复操作、索引、切片等。假设 str1 字符串为“hello”,str2 字符串为“world”,则利用 len(str1)可计算字符串 str1 的长度为 5,str1+str2 拼接后的结果为“helloworld”,str1 * 3 字符串的重复结果为“hellohello-hello”。

字符串切片的定义为 s[i:j:step],其中,step 表示切片的方向,默认起点从 0 开始,终点不写则切到最后。例如:

```
str1 = 'abcdefghijklmn'
print str1[3:6]
# def
```

从第 3 个值开始获取,第 6 个值为终点且不获取,即 str1[0] = 'a', str1[3] = 'd', str1[4]='e', str1[5]='f',输出结果为“def”。同样,如果增加 step 参数且为负数,则表示从反向切片。正方向第一个 a 的索引下标值为 0,最后一个 n 的索引下标值为 -1,结果为“nmlk”,代码如下:

```
str1 = 'abcdefghijklmn'
print str1[-1:-5:-1]
# nmlk
```

2. find( )函数

用法：从字符串中查找子字符串，返回值为子字符串所在位置的最左端索引。如果没有找到则返回−1。扩展的 rfind()方法表示从右向左查找，常用于正则表达式爬取数据。

示例：获取字符串"def"的位置，位于第 3 个位置（从 0 开始计数）。

```
str1 = 'abcdefghijklmn'
num = str1.find('def')
print num
# 3
```

3. split( )函数

用法：将字符串分割成序列，返回分割后的字符串序列。如果不提供分割符，那么程序将会把所有空格作为分隔符。

示例：默认按照空格分割字符串，也可以设置分割符（如"＋"）来分割字符串，如图 2.20 所示。

```
>>> str1 = "I am a teacher"
>>> li = str1.split()
>>> print li
['I', 'am', 'a', 'teacher']
>>> str2 = "1+2+3+4"
>>> print str2.split("+")
['1', '2', '3', '4']
>>>
```

图 2.20　split( )函数

4. strip( )函数

用法：该函数用于去除开头和结尾的空格字符（不包含字符串内部的空格），同时 S. strip([chars])可去除指定字符。扩展的函数 lstrip()用于去除字符串开始（最左边）的所有空格，rstrip()用于去除字符串尾部（最右边）的所有空格。

示例：去除字符串前后两端的空格。

```
>>> str1 = "    I am a teacher     "
>>> print str1.strip()
I am a teacher
>>>
```

5. join( )函数

用法：通过某个字符拼接序列中的字符串元素（注意：队列中的元素必须是字符

串),然后返回一个拼接好的字符串。可以认为 join()函数是 split()函数的逆方法。

示例:采用空格("")拼接字符串['I','am','a','teacher'],代码及输出结果如下:

```
>>> num = ['I','am','a','teacher']
>>> sep = "
>>> str1 = sep.join(num)
>>> print str1
I am a teacher
>>>
```

2.8　文件操作

文件是指存储在外部介质上数据的集合,文本文件的编码方式包括 ASCII 码格式、Unicode 码、UTF‐8 码和 GBK 编码等。文件的操作流程为打开文件—读/写文件—关闭文件。

2.8.1　打开文件

打开文件是通过调用 open()函数实现的,函数原型如下:

```
<variable> = open(<name>, <mode>)
```

其中,<name>表示打开文件名称;<mode>表示文件打开模式,参数有 r(只读)、w(只写)、a(追加末尾)、rb(只读二进制文件)、wb(只写二进制文件)、ab(附加到二进制文件末尾)、w+(追加写文件);返回结果为一个文件对象。

例如:

```
>>> infile = open("test02.txt","r")
```

2.8.2　读/写文件

1. 读文件

常用文件的读取方法包括:

① read()的返回值为包含整个文件内容的一个字符串。

② readline()的返回值为文件内容的下一行内容的字符串。

③ readlines()的返回值为整个文件内容的列表,列表中的每一项都为一行字符串。

示例代码如下:

```
infile = open("test02.txt","r")
data = infile.read()
```

```
print data

infile = open("test02.txt","r")
list_data = infile.readlines()
print list_data
```

2. 写文件

从计算机内存向文件写入数据的方法包括两种：

① write()用于把含有文本数据或二进制数据集的字符串写入文件中。

② writelines()针对列表操作，接收一个字符串列表参数，并写入文件。

```
outfile1 = open('test02.txt', 'w')
str1 = 'hello\n'
str2 = 'world\n'
outfile1.write(str1)
outfile1.write(str2)
outfile1.close()

outfile2 = open('test02.txt', 'w')
outfile2.writelines(['hello', ', 'world'])
outfile2.close()

infile = open('test02.txt', 'r')
data = infile.read()
print data
```

创建文件 test02.txt，然后调用 write()和 writelines()不同的方法写入数据。

2.8.3　关闭文件

文件读/写结束后，一定要记住使用 close()方法关闭文件。如果忘记使用该关闭语句，那么当程序突然崩溃时，则不会继续执行写入操作，甚至当程序正常执行完文件写操作后，由于没有关闭文件的操作，该文件可能会没有包含已写入的数据。为安全起见，在使用完文件后需要关闭文件。建议读者使用 try-except-finally 异常捕获语句，并在 finally 子句中关闭文件。

```
try:
    ♯文件操作
except :
    ♯异常处理
finally:
    file.close()
```

2.8.4　循环遍历文件

在数据爬取或数据分析中,常常会涉及文件遍历,此时通常采用 for 循环遍历文件内容,一方面可以调用 read()函数读取文件循环输出,另一方面也可以调用 readlines()函数实现。这两种方法的对比代码如下所示:

```
infile = open('test02.txt', 'r').read()
for line in inflie:
    print line
print file.close()
```

```
infile = open('test02.txt', 'r')
for line in infile.readlines():
    print line
print infile.close()
```

输出结果如图 2.21 所示,其中包含 TXT 文件和输出值。

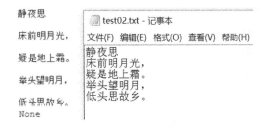

图 2.21　文件读/写操作

2.9　面向对象

传统的编程方式是面向过程的,根据业务逻辑从上到下执行;而面向对象编程是另一种编程方式,此种编程方式需要使用"类"和"对象"来实现,将函数进行封装,是更接近真实生活的一种编程方式。

面向对象是将客观事物看成属性和行为的对象,通过抽象同一类对象的共同属性和行为形成类,通过对类的继承和多态实现代码重用等。对象(Object)是类(Class)的一个实例,如果将对象比作房子,那么类就是房子的设计图,并在类中定义属性和方法。

面向对象的 3 个基本特征如下:

● 封装:把客观事物封装成抽象的类,类中的数据和方法让类或对象进行操作。
● 继承:子类继承父类后,可以使用父类的所有功能,而无需重新编写原有类,并且可以对功能进行扩展。
● 多态:类中定义的属性或行为被特殊类继承后,可以具有不同的数据类型或表现不同的行为。各个类能表现不同的语义,其实现的方法有两种,分别为覆盖和重载。

在 Python 中,类就是一个模板,模板里可以包含多个函数,函数可实现一些功能;对象则是根据模板创建的实例,通过实例对象可以执行类中的函数,如下:

```
#创建类
class 类名:
        #创建类中的函数,self 为特殊参数,不能省略
    def  函数名(self):
              #函数实现
#根据类创建对象 obj
obj =  类名()
```

现需要编写一个计算长方形面积和周长的程序,其思想是定义两个变量分别表示长和宽,然后再在类中定义计算面积和周长的方法,实例化使用。代码如下:

test02_08. py

```
# - * - coding:utf - 8 - * -
class Rect:

    def __init__(self, length, width):
        self.length = length;
        self.width = width;

    def detail(self):
        print self.length, self.width

    def showArea(self):
        area = self.length * self.width
        return area

    def showCir(self):
        cir = (self.length + self.width) * 2
        return cir

#执行
rect1 = Rect(4,5)
rect1.detail()
area = rect1.showArea()
cir = rect1.showCir()
print u'面积:', area
print u'周长:', cir
```

输出结果:面积为 20(4×5),周长为 18。对于面向对象的封装,就是使用构造方

法将内容封装到对象中,然后通过对象直接或者 self 间接获取被封装的内容。

总之,面向对象是站在事物本身的角度去思考解决问题的。如果上面的程序采用面向过程定义函数的形式实现,则当出现多个形状时,就需要对每一种形状都定义一种方法;而面向对象只需要把这些形状的属性和方法抽象出来,然后形成各种形状,这样更符合真实情况。

注意:为了更简明快速地让读者掌握数据爬取的知识,书中的代码很少以定义类和对象的方式呈现,而是根据需要实现的功能或案例,直接编写对应的代码或函数来实现,这是不规范也是不合理的,这也是本书的遗憾之一。在实际开发或更加规范的代码中,推荐大家采用面向对象的方法去编程。

2.10 本章小结

由于 Python 具有简单易学、丰富的扩展库、规范的逻辑语法等特点,同时支持开源,所以其是一门强大的面向对象语言和脚本语言。随着深度学习和人工智能热潮的来临,Python 正日益流行,无论是高校、公司,还是科研、民用,各行各业都开始把 Python 作为主流的编程语言。本章通过各种案例,结合实际应用,让读者切身感受到了 Python 的魅力。

参考文献

[1] Chun W J. Python 核心编程[M]. 宋吉广,译. 2 版. 北京:人民邮电出版社,2008.

[2] Hetland M L. Python 基础教程[M].司维,曾军崴,谭颖华,译.2 版.北京:人民邮电出版社,2010.

第 3 章

正则表达式爬虫之牛刀小试

正则表达式是用于处理字符串的强大工具,通常用于检索、替换那些符合某种规则的文本。本章首先引入正则表达式的基本概念,然后讲解其常用的方法,结合 Python 网络数据爬取常用模块和常见正则表达式的网站分析方法进行讲解,最后使用正则表达式爬取个人博客网站。

3.1 正则表达式

正则表达式(Regular Expression,Regex 或 RE)又称为正规表示法或常规表示法,常用来检索、替换那些符合某个模式的文本。它首先设定好一些特殊的字符及字符组合,然后通过组合的"规则字符串"来对表达式进行过滤,从而获取或匹配用户想要的特定内容。它非常灵活,其逻辑性和功能性也非常强,并且能够迅速通过表达式从字符串中找到所需要的信息。但对于刚接触的人,正则表达式比较晦涩难懂。

由于正则表达式主要的应用对象是文本,因此它在各种文本编辑器中都有应用,小到著名的编辑器 EditPlus,大到 Microsoft Word、Visual Studio 等编辑器,都可以使用正则表达式来处理文本内容。

1. re 模块

Python 通过 re 模块提供对正则表达式的支持,但在使用正则表达式之前需要导入 re 模块才能调用该模块的功能函数。

```
import re
```

其基本步骤是:先将正则表达式的字符串形式编译为 pattern 实例,然后使用 pattern 实例处理文本并获得一个匹配(match)实例,再使用 match 实例获得所需信息。常用的函数是 findall,原型如下:

```
findall(string[, pos[, endpos]]) | re.findall(pattern, string[, flags])
```

该函数表示搜索字符串 string,然后以列表形式返回全部能匹配的子字符串。其中,参数 re 包括 3 个常见值(括号内是完整的写法):

- re. I(re. IGNORECASE):使匹配忽略大小写。
- re. M(re. MULTILINE):允许多行匹配。
- re. S(re. DOTALL):匹配包括换行在内的所有字符。

另外,pattern 对象是一个编译好的正则表达式,通过 pattern 提供的一系列方法可以对文本进行匹配查找;pattern 对象不能直接实例化,必须使用 re. compile()进行构造。

2. complie 方法

re 模块包括一些常用的操作函数,比如 complie()函数,其原型如下:

```
compile(pattern[,flags])
```

该函数根据包含正则表达式的字符串创建模式对象,返回一个 pattern 对象。其中,参数 flags 是匹配模式,可以使用按位或"|"表示同时生效,也可以在正则表达式字符串中指定。

举例说明如何使用正则表达式来获取字符串中的数字内容,示例代码如下:

```
>>> import re
>>> string = "A1.45,b5,6.45,8.82"
>>> regex = re.compile(r"\d+\.?\d*")
>>> print regex.findall(string)
['1.45', '5', '6.45', '8.82']
>>>
```

3. match 方法

match 方法是从字符串的 pos 下标处开始匹配 pattern,如果 pattern 结束时已经匹配,则返回一个 match 对象;如果匹配过程中 pattern 无法匹配,或者匹配未结束就已到达 endpos,则返回 None。该方法原型如下:

```
match(string[, pos[, endpos]]) | re.match(pattern, string[, flags])
```

其中,参数 string 表示字符串;pos 表示下标,pos 和 endpos 的默认值分别为 0 和 len(string);参数 flags 用于编译 pattern 时指定匹配模式。

4. search 方法

search 方法用于查找字符串中可以匹配成功的子字符串。从字符串的 pos 下标处尝试匹配 pattern,如果 pattern 结束时仍可匹配,则返回一个 match 对象;如果 pattern 结束时仍无法匹配,则将 pos 加 1 后重新尝试匹配,若直到 pos = endpos 时

仍无法匹配,则返回 None。函数原型如下:

search(string[, pos[, endpos]]) | re.search(pattern, string[, flags])

其中,参数 string 表示字符串;pos 表示下标,pos 和 endpos 的默认值分别为 0 和 len(string);参数 flags 用于编译 pattern 时指定匹配模式。

5. group 和 groups 方法

group([group1,…])方法用于获得一个或多个分组截获的字符串,当它指定多个参数时将以元组形式返回,没有截获字符串的组返回 None,截获多次的组返回最后一次截获的子字符串。groups([default])方法以元组形式返回全部分组截获的字符串,相当于多次调用 group,其中参数 default 表示没有截获字符串的组以该值代替,默认为 None。

3.2　Python 网络数据爬取的常用模块

本节将介绍 Python 网络数据爬取的常用模块或库,主要包括 urllib 模块、urlparse 模块和 requests 模块。这些模块中的函数虽然都是基础知识,但也非常重要。

3.2.1　urllib 模块

本小节首先介绍 Python 网络数据爬取最简单且应用比较广泛的第三方库函数 urllib。urllib 是 Python 用于获取 URL(Uniform Resource Locators,统一资源定位器)的库函数,可以用于爬取远程的数据并保存,甚至可以设置消息头(header)、代理、超时认证等。

urllib 模块提供的上层接口使用户能够像读取本地文件一样读取 WWW 或 FTP 上的数据,使用起来比 C++、C♯等编程语言更加方便。

其常用的方法如下:

1. urlopen

函数原型如下:

urlopen(url, data = None, proxies = None)

该方法用于创建一个远程 URL 的类文件对象,然后像本地文件一样操作这个类文件对象来获取远程数据。其中参数 url 表示远程数据的路径,一般是网址;参数 data 表示以 post 方式提交到 url 的数据;参数 proxies 用于设置代理;返回值是一个类文件对象。

urlopen 的常用方法如表 3.1 所列。

表 3.1 urlopen 的常用方法

方　法	用　途
read()、readlines()、close()	这些方法的使用方式与文件对象完全一样,包括文件的读取和关闭操作
info()	返回一个 httplib. HTTPMessage 对象,表示远程服务器返回的头信息
geturl()	返回请求的 URL
getcode()	返回 HTTP 状态码。如果是 HTTP 请求,则 200 表示请求成功完成,404 表示网址未找到

下面通过一个实例来介绍 urllib 库函数爬取百度官网的实例。

test03_01. py

```
# - * - coding:utf - 8 - * -
import urllib
import webbrowser as web

url = "http://www.baidu.com"
content = urllib.urlopen(url)

print content.info()              #头信息
print content.geturl()            #请求 url

print content.getcode()           #HTTP 状态码

#保存网页至本地并通过浏览器打开
open("baidu.html","w").write(content.read())
web.open_new_tab("baidu.html")
```

该段调用 urllib. urlopen(url)函数打开百度链接,并输出头消息、url、HTTP 状态码等信息,如图 3.1 所示。

代码"import webbrowser as web"引用了 webbrowser 第三方库,因此可以使用类似于"module_name. method"调用对应的函数。"open("baidu. html","w"). write (content. read())"表示在本地创建静态的 baidu. html 文件,并读取打开的百度网页内容,执行文件写操作。"web. open_new_tab("baidu. html")"表示通过浏览器打开已经下载的静态网页新标签。其中,下载并打开的百度官网静态网页"baidu. html"文件如图 3.2 所示。

同样可以使用"web. open_new_tab("http://www. baidu. com")"在浏览器中直接打开在线网页。

2. urlretrieve

urlretrieve 方法是将远程数据下载到本地,函数原型如下:

```
urlretrieve(url, filename = None, reporthook = None, data = None)
```

```
>>>
Date: Mon, 16 Oct 2017 02:09:35 GMT
Content-Type: text/html; charset=utf-8
Connection: Close
Vary: Accept-Encoding
Set-Cookie: BAIDUID=933DB81D967F1FBC4F1A88524298E234:FG=1; expires=Thu, 31-Dec-3
7 23:55:55 GMT; max-age=2147483647; path=/; domain=.baidu.com
Set-Cookie: BIDUPSID=933DB81D967F1FBC4F1A88524298E234; expires=Thu, 31-Dec-37 23
:55:55 GMT; max-age=2147483647; path=/; domain=.baidu.com
Set-Cookie: PSTM=1508119775; expires=Thu, 31-Dec-37 23:55:55 GMT; max-age=214748
3647; path=/; domain=.baidu.com
Set-Cookie: BDSVRTM=0; path=/
Set-Cookie: BD_HOME=0; path=/
Set-Cookie: H_PS_PSSID=1469_19033_12897_21092_22072; path=/; domain=.baidu.com
P3P: CP=" OTI DSP COR IVA OUR IND COM "
Cache-Control: private
Cxy_all: baidu+8bef82a685ff5a309bc1dc59a5057da7
Expires: Mon, 16 Oct 2017 02:09:09 GMT
X-Powered-By: HPHP
Server: BWS/1.1
X-UA-Compatible: IE=Edge,chrome=1
BDPAGETYPE: 1
BDQID: 0xb1b7e3520000fb06
BDUSERID: 0

http://www.baidu.com
200
>>>
```

图 3.1　运行结果(test03_01.py)

图 3.2　爬取的图片

其中,参数 filename 指定了保存到本地的路径,如果省略该参数,则 urllib 会自动生成一个临时文件来保存数据;参数 reporthook 是一个回调函数,当连接上服务器,相应的数据块传输完毕时,会触发该回调函数,通常使用该回调函数来显示当前的下载进度;参数 data 是指传递到服务器的数据。下面通过例子来演示如何将新浪首页爬取到本地,并保存在"D:/sina.html"文件中,同时显示下载进度。

test03_02.py

```
# - * - coding:utf-8 - * -
import urllib

# 函数功能:下载文件至本地,并显示进度
# a - 已经下载的数据块,b - 数据块的大小,c - 远程文件的大小
def Download(a, b, c):
    per = 100.0 * a * b / c
    if per > 100:
        per = 100
    print '%.2f' % per
url = 'http://www.sina.com.cn'
local = 'd://sina.html'
urllib.urlretrieve(url, local, Download)
```

上面介绍了 urllib 模块中常用的两个方法,其中,urlopen()用于打开网页;urlretrieve()是将远程数据下载到本地,主要用于爬取图片。其他方法请读者自行学习。另外,urllib2 模块类似于 urllib 模块,这里不再赘述。

3.2.2 urlparse 模块

urlparse 模块主要是对 url 进行分析,其主要的操作是拆分和合并 url 各个部件。它可以将 url 拆分为 6 个部分,并返回元组,也可以把拆分后的部分再组成一个url。urlparse 模块包括的函数主要有 urlparse、urlunparse 等。

1. urlparse 函数

函数原型如下:

```
urlparse.urlparse(urlstring[, scheme[, allow_fragments]])
```

该函数将 urlstring 值解析成 6 个部分,从 urlstring 中获取 URL,并返回元组(scheme, netloc, path, params, query, fragment)。该函数可用于确定网络协议(HTTP、FTP 等)、服务器地址、文件路径等。示例代码如下:

test03_03.py

```
# coding = utf - 8
```

```
import urlparse
url = urlparse.urlparse('http://www.eastmount.com/index.asp? id = 001')

print url                    #url 解析成 6 个部分
print url.netloc             #输出网址
```

输出内容如下所示，包括 scheme、netloc、path、params、query 和 fragment 六部分的内容。

```
>>>
ParseResult(scheme = 'http',
            netloc = 'www.eastmount.com',
            path = '/index.asp',
            params = '',
            query = 'id = 001',
            fragment = '')
www.eastmount.com
>>>
```

2. urlunparse 函数

同样可以调用 urlunparse（）函数将一个元组内容构建成一条 url，函数原型如下：

```
urlparse.urlunparse(parts)
```

该元组类似 urlparse 函数，它接收元组（scheme，netloc，path，params，query，fragment）后，会重新组成一个具有正确格式的 URL，以便供 Python 的其他 HTML 解析模块使用。示例代码如下：

test03_04. py

```
# coding = utf - 8
import urlparse
url = urlparse.urlparse('http://www.eastmount.com/index.asp? id = 001')

print url                    #url 解析成 6 个部分
print url.netloc             #输出网址

#重组 URL
u = urlparse.urlunparse(url)
print u
```

输出结果如图 3.3 所示。

```
>>>
ParseResult(scheme='http', netloc='www.eastmount.com', path='/index.asp', params
='', query='id=001', fragment='')
www.eastmount.com
http://www.eastmount.com/index.asp?id=001
>>>
```

图 3.3 运行结果(test03_04.py)

3.2.3 requests 模块

requests 模块是用 Python 语言编写的、基于 urllib 的第三方库,其采用 Apache2 Licensed 开源协议的 HTTP 库。它比 urllib 更加方便,既可以节约大量的工作,又完全满足 HTTP 的测试需求。requests 模块是一个很实用的 Python HTTP 客户端库,在编写爬虫和测试服务器响应数据时经常会用到。推荐读者在 requests 官方网站(官方文档地址:http://docs.python-requests.org/en/master/)上学习,这里只做简单介绍。

注意:假设读者已经使用"pip install requests"安装了 requests 模块(第 4 章将详细讲解 pip 的安装过程及使用方法)。

下面讲解 requests 模块的基本用法。

1. 导入 requests 模块

使用语句如下:

```
import requests
```

2. 发送 GET/POST 请求

requests 模块可以发送 HTTP 的两种请求:GET 请求和 POST 请求。其中,GET 请求可以采用 url 参数传递数据,它从服务器上获取数据;而 POST 请求是向服务器传递数据,该方法更为安全。更多用法请读者自行学习。下面给出使用 GET 请求和 POST 请求获取某个网页的方法,得到一个命名为 r 的 Response 对象,通过这个对象获取我们所需的信息。

```
r = requests.get('https://github.com/timeline.json')
r = requests.post("http://httpbin.org/post")
```

3. 传递参数

url 通常会传递某种数据,这种数据采用键值对的参数形式置于 URL 中,比如 http://www.eastmountyxz.com/index.php?key=value。requests 通过 params 关键字设置 URL 的参数,以一个字符串字典来提供这些参数。例如,如果想传递 key1=value1 和 key2=value2 到 httpbin.org/get,则可以使用如下代码:

```
>>> payload = {'key1': 'value1', 'key2': 'value2'}
>>> r = requests.get('http://httpbin.org/get', params = payload)
>>> print(r.url)
http://httpbin.org/get? key1 = value1&key2 = value2
```

4. 响应内容

requests 会自动解码来自服务器的内容，并且大多数 unicode 字符集都能被无缝解码。当请求发出后，requests 会基于 HTTP 头部对响应的编码做出有根据的推测。使用语句如下：

```
>>> import requests
>>> r = requests.get('https://github.com/timeline.json')
>>> r.text
u'[{"repository":{"open_issues":0,"url":"https://github.com/…
```

5. 定制请求头

如果想为请求添加 HTTP 头部，则只要简单地传递一个字典（dict）给消息头 headers 参数即可。例如，给 github 网站指定一个消息头，语句如下：

```
>>> url = 'https://api.github.com/some/endpoint'
>>> headers = {'user – agent': 'my – app/0.0.1'}
>>> r = requests.get(url, headers = headers)
```

本小节只是简单介绍了 requests 模块，有关其他内容请读者自行学习并实际操作。

3.3　正则表达式爬取网络数据的常见方法

本节将介绍常用的正则表达式爬取网络数据的一些技巧，这些技巧都来自于自然语言处理和数据爬取编程，希望能给读者提供一些爬取数据的思路以及解决实际问题的方法。

3.3.1　爬取标签间的内容

HTML 语言是采用标签对的形式来编写网站的，包括起始标签和结束标签，比如 <head > </head >、<tr > </tr >、<script > </script > 等。下面将介绍如何爬取标签对之间的文本内容。

1. 爬取 title 标签间的内容

首先可以采用正则表达式"'<title>(. * ?)</title >'"来爬取起始标签 <title > 和结束标签 </title > 之间的内容，"(. * ?)"就代表我们需要爬取的内容。下面是爬取百度官

网标题——"百度一下,你就知道"的代码:

test03_05. py

```
# coding = utf - 8
import re
import urllib
url = "http://www.baidu.com/"
content = urllib.urlopen(url).read()
title = re.findall(r' <title>(. * ?)</title> ', content)
print title[0]
# 百度一下,你就知道
```

上述代码调用了 urllib 库中的 urlopen()函数打开超链接,并调用正则表达式 re 库中的 findall()函数寻找 title 标签间的内容。由于 findall()函数是获取所有满足该正则表达式的文本,所以这里只需要输出第一个值 title[0]。

下面讲解另一种方法,来获取标题起始标签(<title>)和结束标签(</title>)之间的内容,同样输出百度官网标题"百度一下,你就知道"。

```
pat = r'(? <= <title>). * ?(? = </title>)'
ex = re.compile(pat, re.M|re.S)
obj = re.search(ex, content)
title = obj.group()
print title
# 百度一下,你就知道
```

2. 爬取超链接标签间的内容

在 HTML 中,<a href = url > 超链接标题 </a > 用于标识超链接。test03_06. py 文件用于获取完整的超链接,同时获取超链接 <a > 和 </a > 之间的内容。

test03_06. py

```
# coding = utf - 8
import re
import urllib
url = "http://www.baidu.com/"
content = urllib.urlopen(url).read()

#获取完整的超链接
res = r" <a. * ? href = . * ? <\/a> "
urls = re.findall(res, content)
for u in urls:
    print unicode(u,'utf - 8')
```

```
#获取超链接 <a> 和 </a> 之间的内容
res = r'<a.*?>(.*?)</a>'
texts = re.findall(res, content, re.S|re.M)
for t in texts:
    print unicode(t,'utf-8')
```

输出结果部分内容如下所示。这里如果采用"print u"或"print t"语句直接输出结果则可能会出现中文乱码,此时需要调用函数 unicode(u,'utf-8')进行转码,以正确显示中文。

```
#获取完整的超链接
<a href = "http://news.baidu.com" name = "tj_trnews" class = "mnav"> 新闻 </a>
<a href = "http://www.hao123.com" name = "tj_trhao123" class = "mnav"> hao123 </a>
<a href = "http://map.baidu.com" name = "tj_trmap" class = "mnav"> 地图 </a>
<a href = "http://v.baidu.com" name = "tj_trvideo" class = "mnav"> 视频 </a>
...

#获取超链接 <a> 和 </a> 之间的内容
新闻
hao123
地图
视频
...
```

3. 爬取 tr 标签和 td 标签间的内容

网页常用的布局包括 table 布局和 div 布局,其中,table 布局中常见的标签包括 tr、th 和 td,tr(table row)表示表格行为,td(table data)表示表格数据,th(table heading)表示表格表头。下面将介绍如何爬取这些标签间的内容。

假设存在 HTML 代码,如下所示:

```
<html>
<head> <title> 表格 </title> </head>
<body>
    <table  border = 1>
        <tr> <th> 学号 </th> <th> 姓名 </th> </tr>
        <tr> <td> 1001 </td> <td> 杨秀璋 </td> </tr>
        <tr> <td> 1002 </td> <td> 颜娜 </td> </tr>
    </table>
</body>
</html>
```

运行结果如图 3.4 所示。

学号	姓名
1001	杨秀璋
1002	颜娜

图 3.4 HTML 表格

47

正则表达式爬取 tr、th、td 标签之间内容的 Python 代码如下：

test03_07. py

```
# coding = utf - 8
import re
import urllib
content = urllib. urlopen("test.html"). read()          #打开本地文件

#获取 <tr> </tr> 之间的内容
res = r'<tr>(. * ?)</tr>'
texts = re. findall(res, content, re. S|re. M)
for m in texts:
    print m

#获取 <th> </th> 之间的内容
for m in texts:
    res_th = r'<th>(. * ?)</th>'
    m_th = re. findall(res_th, m, re. S|re. M)
    for t in m_th:
        print t

#直接获取 <td> </td> 之间的内容
res = r'<td>(. * ?)</td> <td>(. * ?)</td>'
texts = re. findall(res, content, re. S|re. M)
for m in texts:
    print m[0],m[1]
```

首先获取 <tr> </tr> 之间的内容；然后再在 <tr> </tr> 之间的内容中获取 <th> </th> 之间的值，即"学号"和"姓名"；最后是获取两个 <td> 和 </td> 之间的内容，输出结果如下：

```
>>>
<th>学号 </th> <th>姓名 </th>
<td> 1001 </td> <td>杨秀璋 </td>
<td> 1002 </td> <td>颜娜 </td>

学号
姓名

1001  杨秀璋
1002  颜娜
>>>
```

如果"<td id=">"包含属性值,则正则表达式修改为"<td id=. * ? > (. * ?)</td>"。同样,如果不一定是 id 属性开头,则可以使用正则表达式"<td . * ? > (. * ?)</td>"。

3.3.2　爬取标签中的参数

1. 爬取超链接标签的 URL

HTML 超链接的基本格式为"<a href=url>链接内容</a>",现在需要获取其中的 URL 链接地址,方法如下:

test03_08. py

```
# coding = utf - 8
import re

content = '''
<a href = "http://news.baidu.com" name = "tj_trnews" class = "mnav">新闻</a>
<a href = "http://www.hao123.com" name = "tj_trhao123" class = "mnav"> hao123 </a>
<a href = "http://map.baidu.com" name = "tj_trmap" class = "mnav">地图</a>
<a href = "http://v.baidu.com" name = "tj_trvideo" class = "mnav">视频</a>
'''

res = r"(? <= href = \"). + ? (? = \")|(? <= href = \'). + ? (? = \')"
urls = re.findall(res, content, re.I|re.S|re.M)
for url in urls:
    print url
```

输出内容如下:

```
>>>
http://news.baidu.com
http://www.hao123.com
http://map.baidu.com
http://v.baidu.com
>>>
```

2. 爬取图片超链接标签的 URL

在 HTML 中,我们可以看到各式各样的图片,其图片标签的基本格式为"<img src=图片地址 />",只有通过爬取这些图片的原地址,才能下载对应的图片至本地。那么究竟怎么获取图片标签中的原图地址呢? 获取图片 URL 链接地址的方法如下:

```
content = ''' <img alt = "Python" src = "http://www.yangxiuzhang.com/eastmount.jpg" /> '''
```

```
urls = re.findall('src = "(. * ?)"', content, re.I|re.S|re.M)
print urls
# ['http://www.yangxiuzhang.com/eastmount.jpg']
```

其中,图片对应的原图地址为"http://www.yangxiuzhang.com/eastmount.jpg",它对应一张图片,该图片存储在"www.yangxiuzhang.com"网站服务器端,最后一个"/"后面的字段即为图片名称"eastmount.jpg"。

3. 获取 URL 中的最后一个参数

在使用 Python 爬取图片的过程中,通常会遇到图片对应的 URL 最后一个字段用来对图片命名的情况,如前面的"eastmount.jpg",因此就需要通过解析 URL"/"后面的参数来获取图片。示例代码如下:

```
content = ''' <img alt = "Python" src = "http://www..csdn.net/eastmount.jpg" /> '''
urls = 'http://www..csdn.net/eastmount.jpg'
name = urls.split('/')[-1]
print name
# eastmount.jpg
```

上述代码中的"urls.split('/')[1]"表示采用字符"/"分割字符串,获取的最后一个值即为图片名称"eastmount.jpg"。

3.3.3 字符串处理及替换

当使用正则表达式爬取网页文本时,首先需要调用 find()函数来找到指定的位置,然后再进行进一步爬取。比如先获取 class 属性为"infobox"的表格 table,然后再进行定位爬取。

```
start = content.find(r' <table class = "infobox"')      #起点位置
end = content.find(r' </table> ')                        #终点位置
infobox = text[start:end]
print infobox
```

在爬取过程中可能会爬取到无关变量,此时需要对无关内容进行过滤,这里推荐使用 replace()函数和正则表达式进行处理。比如,爬取内容如下:

test03_09.py

```
# coding = utf - 8
import re

content = '''
<tr> <td> 1001 </td> <td> 杨秀璋 <br /> </td> </tr>
<tr> <td> 1002 </td> <td> 颜  娜 </td> </tr>
```

```
<tr> <td> 1003 </td> <td> <B> Python </B> </td> </tr>
'''
res = r' <td> (. * ?) </td> <td> (. * ?) </td> '
texts = re.findall(res, content, re.S|re.M)
for m in texts:
    print m[0],m[1]
```

输出结果如下：

```
>>>
1001  杨秀璋 <br />
1002  颜  娜
1003 <B> Python </B>
>>>
```

此时需要过滤掉多余的字符串,如换行（
）、空格（ ）、加粗（<B>
</B>）,过滤代码如下：

test03_10. py

```
# coding = utf - 8
import re
content = '''
<tr> <td> 1001 </td> <td> 杨秀璋 <br /> </td> </tr>
<tr> <td> 1002 </td> <td> 颜  娜 </td> </tr>
<tr> <td> 1003 </td> <td> <B> Python </B> </td> </tr>
'''
res = r' <td> (. * ?) </td> <td> (. * ?) </td> '
texts = re.findall(res, content, re.S|re.M)
for m in texts:
    value0 = m[0].replace(' <br /> ', '').replace(' ', '')
    value1 = m[1].replace(' <br /> ', '').replace(' ', '')
    if ' <B> ' in value1:
        m_value = re.findall(r' <B> (. * ?) </B> ', value1, re.S|re.M)
        print value0, m_value[0]
    else:
        print value0, value1
```

采用 replace() 函数将字符串“
 ”和“' ”转换成空白实现过滤,而加
粗（<B> </B>）则需要使用正则表达式进行过滤。输出结果如下：

```
>>>
1001  杨秀璋
1002  颜娜
```

1003 Python

>>>

3.4　个人博客爬取实例

在讲述了正则表达式、常用网络数据爬取模块和正则表达式爬取网络数据的常见方法之后,本节将讲述一个简单的正则表达式爬取网站的实例。这里将讲解使用正则表达式爬取作者个人博客网站(网址:http://www.eastmountyxz.com/,如图 3.5 所示)来获取所需内容的简单示例。

图 3.5　博客首页

3.4.1　分析过程

假设现在需要爬取的内容如下:

① 博客网址的标题(title)内容。

② 爬取所有图片的超链接,比如爬取" <img src ＝ "xxx. jpg"/> "中的"xxx. jpg"。

③ 分别爬取博客首页中 4 篇文章的标题、超链接及摘要内容,比如标题为"再见北理工:忆北京研究生的编程时光",超链接为"http://blog. csdn. net/eastmount/article/details/52201984"。

爬取步骤如下:

第一步　浏览器源码定位

通过浏览器定位需要爬取元素的源码,比如文章标题、超链接、图片等,发现这些元素对应的 HTML 源码存在的规律(这称为 DOM 树文档节点树分析),通过浏览器打开网页,选中需要爬取的内容,右击"审查元素"或"检查",即可找到所需爬取节点对应的 HTML 源码,如图 3.6 所示。

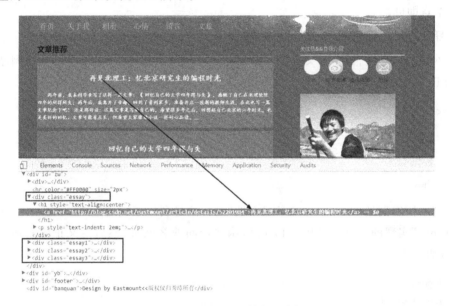

图 3.6　网页 DOM 树定位分析

标题"再见北理工:忆北京研究生的编程时光"位于"< div class＝"essay"> </div >"节点下,它包括一个"< h1 > </h1 >",用于记录标题;一个"< p > </p >",用于记录摘要信息,即

```
<div class = "essay">
    <h1 style = "text – align:center">
        <a href = "http://blog. csdn. net/eastmount/···/52201984">
            再见北理工:忆北京研究生的编程时光
        </a>
    </h1>
    <p style = "text – indent: 2em;">
```

两年前,我本科毕业写了这样一篇文章:《回忆自己的大学四年得与失》,感慨了自己在北理软院四年的所得所失;两年后,我离开了帝都,回到了贵州家乡,准备开启一段新的教师生涯,在此也写一篇文章纪念下吧!

还是那句话:这篇文章是写给自己的,希望很多年之后,回想起自己北京的六年时光,也是美好的回忆。文章可能有点长,但希望大家像读小说一样耐心品读……

```
    </p>
```

```
</div>
<div class = "essay1"> ··· </div>
```

这里需要通过网页标签的属性和属性值来标记爬虫节点,即找到 class 属性为 "essay"的 div,就可以定位第一篇文章的位置。同理,其余 3 篇文章为 <div class="essay1"> </div>、<div class="essay2"> </div> 和 <div class="essay3"> </div>,定位这些节点即可。

第二步 正则表达式爬取标题

网站的标题通常位于"<head> <title>"与"</title> </head>"之间,该网站标题 HTML 代码如下:

```
<head>
    <meta charset = "utf - 8">
    <title> 秀璋学习天地 </title>
    ···
</head>
```

爬取博客网站的标题"秀璋学习天地"的方法是利用正则表达式"<title>(.*?)</title>"实现的。首先利用 urlopen()函数访问博客网址,然后定义正则表达式爬取,代码如下:

```
import re
import urllib

url = "http://www.eastmountyxz.com/"
content = urllib.urlopen(url).read()
title = re.findall(r'<title>(.*?)</title>', content)
print title[0]
```

输出结果如图 3.7 所示。

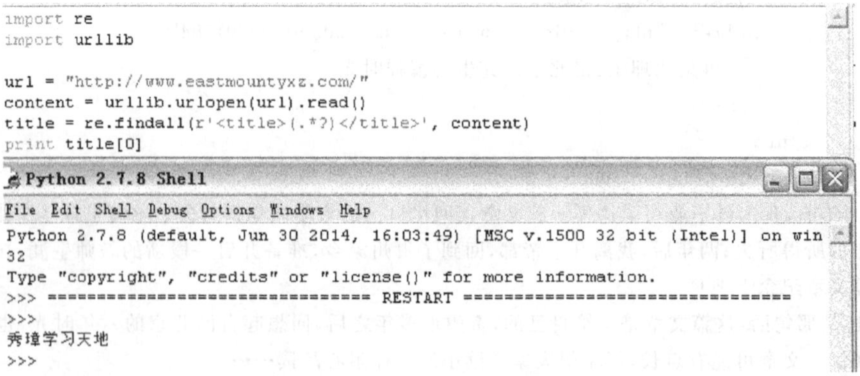

图 3.7　代码运行结果

第三步　正则表达式爬取所有图片地址

由于 HTML 插入图片标签的格式为"<img src＝图片地址 /> ",所以使用正则表达式获取图片 URL 链接地址的方法为:获取以"src＝"开头,以双引号结尾的内容。代码如下:

```
import re
import urllib

url = "http://www.eastmountyxz.com/"
content = urllib.urlopen(url).read()
urls = re.findall(r'src = "(. * ?)"', content)
for url in urls:
    print url
```

共显示了 6 张图片,输出结果如下:

```
>>>
./images/11.gif
./images/04.gif
./images/05.gif
./images/06.gif
./images/07.gif
./images/08.jpg
>>>
```

注意:这里的每张图片都省略了博客地址"http://www.eastmountyxz.com/",所以需要对所爬取的图片地址进行拼接,增加原博客地址以拼成完整的图片地址,再进行下载。如"http://www.eastmountyxz.com/images/11.gif",该地址可通过浏览器直接访问查看。

第四步　正则表达式爬取博客内容

前面第一步介绍了如何定位 4 篇文章的标题,例如第一篇文章位于"< div class＝"essay">"和"</div>"标签之间,第二篇位于"< div class＝"essay1">"和"</div>"标签之间,依次类推。但是,该 HTML 代码存在一个错误:class 属性通常表示一类标签,它们的值应该是相同的,所以这 4 篇文章的 class 属性都应该是"essay",而 name 或 id 才是用来标识标签的唯一属性。

这里使用 find(<div class＝"essay">)函数来定位第一篇文章的起始位置,使用 find(r' < div class ＝ " essay" >)函数来定位第一篇文章的结束位置,从而获取 <div class＝"essay"> 到 </div> 之间的内容。比如获取第一篇文章的标题和超链接的代码如下:

```
import re
import urllib
url = "http://www.eastmountyxz.com/"
content = urllib.urlopen(url).read()
start = content.find(r' <div class = "essay"> ')
end = content.find(r' <div class = "essay1"> ')
print content[start:end]
```

输出内容如图 3.8 所示，这是获取的第一篇博客的 HTML 源码。

```
>>>
<div class="essay">
        <h1 style="text-align:center"><a href="http://blog.csdn.net/ea
stmount/article/details/52201984">再见北理工：忆北京研究生的编程时光</a></h1>
        <p style="text-indent: 2em;">    两年前，我本科毕业写了这样一篇文章：
《 回忆自己的大学四年得与失 》，感慨了自己在北理软院四年的所得所失；两年后，我离开了帝都
，回到了贵州家乡，准备开启一段新的教师生涯，在此也写一篇文章纪念下吧！
        还是那句话：这篇文章是写给自己的，希望很多年之后，回想起自己北京的六年时光，也
是美好的回忆。文章可能有点长，但希望大家像读小说一样耐心品读 …… </p>
        </div>

>>>
```

图 3.8　输出结果

上述代码分为 3 个步骤：

① 调用 urllib 库的 urlopen（）函数打开博客地址，并读取内容赋值给 content 变量。

② 调用 find（）函数查找特定的内容，比如 class 属性为"essay"的 div 标签，依次定位并获取开始和结束的位置。

③ 获取源码中的超链接和标题等内容。

定位这段内容后，通过正则表达式获取具体内容，代码如下：

test03_11.py

```
import re
import urllib

url = "http://www.eastmountyxz.com/"
content = urllib.urlopen(url).read()
start = content.find(r' <div class = "essay"> ')
end = content.find(r' <div class = "essay1"> ')
page = content[start:end]

res = r"(? <= href = \"). + ? (? = \")|(? <= href = \'). + ? (? = \')"
t1 = re.findall(res, page)                                          ＃超链接
print t1[0]
```

```
t2 = re.findall(r'<a.*?>(.*?)</a>', page)                    #标题
print t2[0]
t3 = re.findall('<p style=.*?>(.*?)</p>', page, re.M|re.S)    #摘要
print t3[0]
```

调用正则表达式分别获取相关内容,由于爬取的段落(p)存在换行内容,所以需要加入 re.M 和 re.S 来支持换行查找,最后的输出结果如下:

>>>

http://blog.csdn.net/eastmount/article/details/52201984

再见北理工：忆北京研究生的编程时光

两年前,我本科毕业写了这样一篇文章：《回忆自己的大学四年得与失》,感慨了自己在北理软院四年的所得所失；两年后,我离开了帝都,回到了贵州家乡,准备开启一段新的教师生涯,在此也写一篇文章纪念下吧！

还是那句话：这篇文章是写给自己的,希望很多年之后,回想起自己北京的六年时光,也是美好的回忆。文章可能有点长,但希望大家像读小说一样耐心品读……

>>>

3.4.2　代码实现

完整代码参考 test03_12.py 文件,如下：

test03_12.py

```
#coding:utf-8
import re
import urllib


url = "http://www.eastmountyxz.com/"
content = urllib.urlopen(url).read()


#爬取标题
title = re.findall(r'<title>(.*?)</title>', content)
print title[0]


#爬取图片地址
urls = re.findall(r'src="(.*?)"', content)
for url in urls:
    print url


#爬取内容
start = content.find(r'<div class="essay">')
end = content.find(r'<div class="essay1">')
```

```
page = content[start:end]
res = r"(?<=href=\").+?(?=\")|(?<=href=\').+?(?=\')"
t1 = re.findall(res, page)                                          #超链接
print t1[0]
t2 = re.findall(r'<a.*?>(.*?)</a>', page)                           #标题
print t2[0]
t3 = re.findall('<p style=.*?>(.*?)</p>', page, re.M|re.S)          #摘要
print t3[0]
print ''

start = content.find(r'<div class="essay1">')
end = content.find(r'<div class="essay2">')
page = content[start:end]
res = r"(?<=href=\").+?(?=\")|(?<=href=\').+?(?=\')"
t1 = re.findall(res, page)                                          #超链接
print t1[0]
t2 = re.findall(r'<a.*?>(.*?)</a>', page)                           #标题
print t2[0]
t3 = re.findall('<p style=.*?>(.*?)</p>', page, re.M|re.S)          #摘要
print t3[0]
```

输出结果如图 3.9 所示。

```
>>>
秀璋学习天地
./images/11.gif
./images/04.gif
./images/05.gif
./images/06.gif
./images/07.gif
./images/08.jpg
http://blog.csdn.net/eastmount/article/details/52201984
再见北理工：忆北京研究生的编程时光
    两年前，我本科毕业写了这样一篇文章：《 回忆自己的大学四年得与失 》，感慨了自己在北理软院
四年的所得所失；两年后，我离开了帝都，回到了贵州家乡，准备开启一段新的教师生涯，在此也写一篇
文章纪念下吧！
        还是那句话：这篇文章是写给自己的，希望很多年之后，回想起自己北京的六年时光，也是美
好的回忆。文章可能有点长，但希望大家像读小说一样耐心品读 ……

http://blog.csdn.net/eastmount/article/details/34619941
回忆自己的大学四年得与失
转眼间，大学四年就过去了，我一直在犹豫到底要不要写一篇文章来回忆自己大学四年的所得所失，最后还
是准备写下这样一篇文章来纪念自己的大学四年吧！这篇文章是写给自己的，多少年之后回想起自己的大学
青春也是美好的回忆。也希望大家像读小说一样看完后也能温馨一笑或唏嘘摇头，想想自己的大学生活吧！
如果有错误或不足之处，请海涵或当作荒唐之言即可 ……
>>>
```

图 3.9 爬虫输出结果

通过上述代码读者会发现，使用正则表达式爬取网站还是比较烦琐的，尤其是定位网页节点时。后面将讲述 Python 提供的常用扩展库，利用这些库的函数进行定

向爬取。

3.5　本章小结

正则表达式通过组合的"规则字符串"对表达式进行过滤，从复杂内容中匹配想要的信息。它的主要对象是文本，适合匹配文本字符串等内容，比如匹配 URL、E-mail 这种纯文本的字符，但不适合匹配文本意义。各种编程语言都能使用正则表达式，比如 C♯、Java、Python 等。

正则表达式爬虫常用于获取字符串中的某些内容，比如提取博客阅读量和评论数的数字，截取 URL 域名或 URL 中的某个参数，过滤掉特定的字符或检查所获取的数据是否符合某个逻辑，验证 URL 或日期类型等。由于其具有灵活性、逻辑性和功能性较强的特点，从而能够迅速地以极简单的方式从复杂字符串中匹配到想要的信息。但刚接触正则表达式的读者则会感觉比较晦涩难懂，同时，通过它获取 HTML 中的某些特定文本也比较困难，尤其是在网页 HTML 源码中的结束标签缺失或不明显的情况下则更加困难。

参考文献

［1］Chun W J. Python 核心编程［M］.宋吉广，译.2 版.北京：人民邮电出版社，2008.

［2］Hetland M L. Python 基础教程［M］.司维，曾军崴，谭颖华，译.2 版.北京：人民邮电出版社，2010.

［3］佚名. Requests：HTTP for Humans——Release v2.18.4 documentation［EB/OL］.［2017-08-20］. http://docs.python-requests.org/en/master/.

第 4 章

BeautifulSoup 技术

本章将介绍 BeautifulSoup 技术，主要内容包括 BeautifulSoup 的安装过程及其基础语法知识，通过分析 HTML 实例来介绍利用 BeautifulSoup 解析网页的过程。

4.1 安装 BeautifulSoup

BeautifulSoup 是一个可以从 HTML 或 XML 文件中提取数据的 Python 扩展库，是一个分析 HTML 或 XML 文件的解析器。它通过合适的转换器实现文档导航、查找、修改文档等功能；可以很好地处理不规范标记并生成剖析树（Parse Tree）；提供的导航功能（Navigating）可以简单、快速地搜索剖析树以及修改剖析树。BeautifulSoup 技术通常用于分析网页结构，爬取相应的 Web 文档，对于不规则的 HTML 文档提供一定的补全功能，从而节省开发者的时间和精力。本节首先简单介绍 BeautifulSoup 的安装过程。

4.1.1 Python 2.7 安装 BeautifulSoup

安装 BeautifulSoup 主要利用 pip 命令。如图 4.1 所示，在命令提示符 CMD 环境下，利用 cd 命令进入 Python 2.7 安装目录的 Scripts 文件夹，然后调用 pip install BeautifulSoup 命令进行安装。

安装命令如下：

```
cd C:\Python27\Scripts
pip install BeautifulSoup
```

当 BeautifulSoup 扩展库安装成功后，在 Python 2.7 中利用"import Beautifulsoup"语句导入该扩展库，测试安装是否成功，如果没有异常报错则安装成功，如图 4.2 所示。

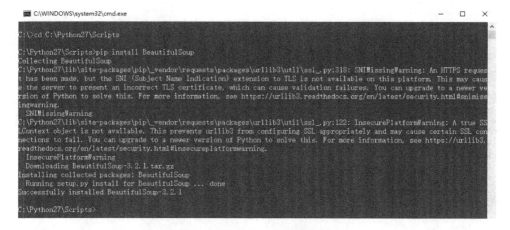

图 4.1　安装 BeautifulSoup 扩展库

```
>>> import BeautifulSoup
>>>
```

图 4.2　导入 BeautifulSoup 扩展库

输入代码如下：

```
import BeautifulSoup
```

在 Windows 环境下，按 ⊞＋R 快捷键弹出"运行"对话框，在"打开"文本框中输入"cmd"指令即可打开命令提示符环境，从而编写命令行程序。

BeautifulSoup 有两个常用版本：BeautifulSoup 3 和 BeautifulSoup 4（简称 bs4）。目前 BeautifulSoup 3 已经停止开发，在项目中使用更多的是 BeautifulSoup 4，现已移植到 BeautifulSoup 4 扩展库中。

BeautifulSoup 4 扩展库的安装过程如图 4.3 所示，可以通过 easy_install 或 pip 命令来安装。该扩展库兼容 Python 2 和 Python 3 版本。

输入代码如下：

```
easy_install BeautifulSoup4
pip install BeautifulSoup4
```

如果想安装 BeautifulSoup 库的最新版本，则可直接下载安装库进行手动安装，这也是十分方便的方法。下载地址为：https://pypi. python. org/pypi/beautiful-soup4/4.3.2。下载后可到相关目录下通过 python setup. py install 命令进行安装。安装命令如下，安装过程如图 4.4 所示。

```
python setup. py install
python3 setup. py install
```

61

图 4.3　安装 BeautifulSoup 4 扩展库

图 4.4　安装 BeautifulSoup 的过程

　　BeautifulSoup 支持 Python 标准库中的 HTML 解析器,还支持一些第三方的解析器,其中一个是 lxml。Windows 系统下调用 pip 或 easy_install 命令安装 lxml 的命令如下:

```
pip install lxml
easy_install lxml
```

　　另一个可供选择的解析器是纯 Python 实现的 html5lib,html5lib 的解析方式与浏览器相同,安装 html5lib 的命令如下:

```
pip install html5lib
easy_install html5lib
```

　　表 4.1 列出了 BeautifulSoup 官方文档中主要的解析器及其优缺点。

表 4.1　**BeautifulSoup** 官方文档中主要的解析器及其优缺点

解析器	使用方法	优　点	缺　点
Python 标准库	BeautifulSoup(markup, "html. parser")	● Python 内置标准库； ● 执行速度适中； ● 文档容错能力强	不能很好地兼容 Python 2. 7. 3 或 Python 3. 2. 2 之前的版本
lxml HTML	BeautifulSoup(markup, "lxml")	● 速度快； ● 文档容错能力强	需要安装 C 语言库
lxml XML	BeautifulSoup(markup, ["lxml-xml"]) BeautifulSoup(markup, "xml")	● 速度快； ● 唯一支持 XML 的解析器	需要安装 C 语言库
html5lib	BeautifulSoup(markup, "html5lib")	● 很好的容错性； ● 以浏览器的方式解析文档； ● 生成 HTML 5 格式的文档	● 速度慢； ● 不依赖外部扩展

安装成功后，在程序中导入 BeautifulSoup 库，如下：

```
from BeautifulSoup import BeautifulSoup          ♯ 处理 HTML
from BeautifulSoup import BeautifulStoneSoup      ♯ 处理 XML
import BeautifulSoup                              ♯ 导入完整 BeautifulSoup
```

如果安装的是 BeautifulSouup 4，则导入代码如下：

```
from bs4 import BeautifulSoup
```

建议读者安装 BeautifulSoup 4，因为 BeautifulSoup 3 已经停止更新；同时，如果读者使用的是 Anaconda 等集成开发环境，那么其 BeautifulSoup 扩展库是已经安装了的，可以直接使用。

4.1.2　pip 安装扩展库

在前面的安装过程中调用了 pip 命令，那么 pip 命令究竟是什么呢？ pip 是一个现代的、通用的 Python 库管理工具，它提供了对 Python 库（Package）的查找、下载、安装及卸载功能。Python 可以通过 easy_install 或者 pip 命令安装各种各样的库。其中，easy_insall 提供了"傻瓜式"的在线一键安装模块的便捷方式，而 pip 是 easy_install 的改进版，它提供了更好的提示信息以及下载、卸载 Python 库等功能。easy_install 和 pip 命令的常见用法如表 4.2 所列。

表 4.2 easy_install 和 pip 命令的常见用法

命 令	用 法
easy_install	① 安装一个库: ● easy_install <package_name>; ● easy_install " <package_name> == <version> "。 ② 升级一个库: easy_install -U " <package_name> > = <version> "
pip	① 安装一个库: ● pip install <package_name>; ● pip install <package_name> == <version>。 ② 升级一个库(如果不提供 version 号,则升级到最新版本): pip install--upgrade <package_name> > = <version>。 ③ 删除一个库: pip uninstall <package_name>

在 Python 开发环境中使用 pip 命令之前,需要先安装 pip 软件,然后再调用 pip 命令对具体的扩展库进行安装。pip 软件的安装步骤如下.

第一步 下载 pip 软件

在 http://pypi.python.org/pypi/pip#downloads 网页上下载 pip 软件,然后在 cmd 命令提示符环境下调用 cd 命令切换到 pip 目录,再通过 python setup.py install 命令进行安装。读者也可以直接下载 pip-Win_1.7.exe 软件进行安装。

第二步 安装 pip 软件

双击下载的 pip-Win_1.7.exe 软件,弹出如图 4.5 所示的对话框,然后进行安装。当软件提示"pip and virtualenv installed"时表示安装成功。

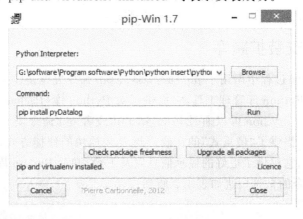

图 4.5 pip-Win 1.7 对话框

第三步　配置环境

接下来需要验证 pip 软件是否安装成功。在 cmd 提示符环境中输入 pip 命令，如果显示如图 4.6 所示的"'pip'不是内部或外部命令，也不是可运行的程序或批处理文件"，则需要配置环境路径才能调用 pip 工具安装 Python 的扩展库。

图 4.6　输入 pip 命令后提示的信息

详细的配置过程如下：

① 安装完 pip 工具后，它会在 Python 安装目录下添加 Scripts 目录，如图 4.7 所示。在 Python 2.7 中，安装的扩展库会在目录 Scripts 文件夹下添加相应的文件。

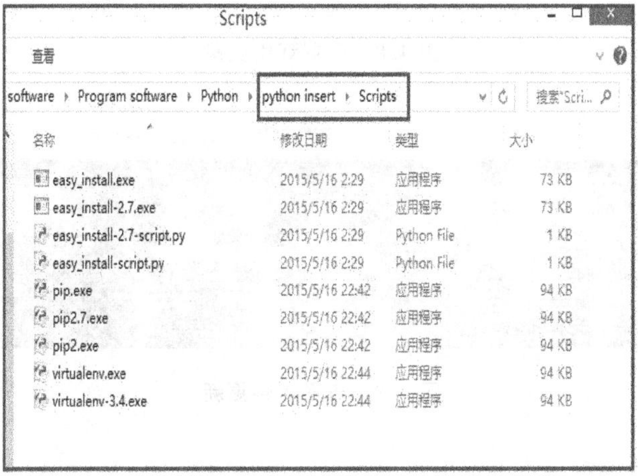

图 4.7　添加 Scripts 目录

② 将 Scripts 目录加入到环境变量中。右击"我的电脑"，在弹出的快捷菜单中选择"属性"，在打开的"系统属性"对话框中单击"高级"标签，切换到"高级"选项卡，然后单击"环境变量"，单击"编辑"按钮，将 Python 安装的目录添加到环境变量中，如图 4.8 所示。

第四步　使用 pip 命令

在 cmd 中使用 pip 命令安装所需扩展库。例如，利用"pip list outdated"命令就可以列举 Python 已经安装的各种扩展库的版本信息，如图 4.9 所示。

第五步　安装 BeautifulSoup

安装 pip 成功后，通过"pip install BeautifulSoup4"命令来安装 BeautifulSoup 4 软件，安装过程如图 4.10 所示。

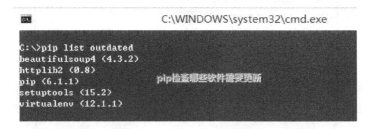

图 4.8　配置环境变量

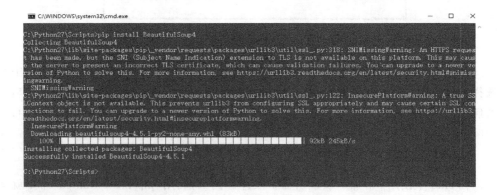

图 4.9　查看软件更新

图 4.10　利用 pip 命令安装 BeautifulSoup 4 软件

安装过程中会显示安装的百分比，直到安装完成出现"Successfully installed BeautifulSoup4-4.5.1"，表示安装成功。

pip 常用命令如下，其中最常用的命令是 install 和 uninstall。

Usage	基本用法
pip <command> [options]	command 表示操作命令,options 表示参数
Commands	操作命令
install	安装软件
uninstall	卸载软件
freeze	按照一定格式输出已安装软件列表
list	列出已安装软件
show	显示软件详细信息
search	搜索软件,类似 yum 里的 search
wheel	根据要求建立 wheel 扩展库
zip	打包(zip)单个扩展库,不推荐使用
unzip	解压(unzip)单个扩展库,不推荐使用
help	当前帮助
General Options	常用选项
-h, --help	显示帮助
-v, --verbose	更多的输出,最多可以使用 3 次
-V, --version	显示版本信息然后退出
-q, --quiet	最少的输出
--log-file <path>	以覆盖的方式记录详细的输出日志
--log <path>	以不覆盖的方式记录详细的输出日志
--proxy <proxy>	指定端口号
--timeout <sec>	设置连接超时时间（默认 15 s）
--exists-action <action>	设置存在默认行为,可选参数包括:(s)witch、(i)gnore
--cert <path>	证书

下面将介绍 BeautifulSoup 扩展库的解析过程,后面也将陆续通过案例深入讲解基于 BeautifulSoup 技术的网络爬虫。

4.2　快速开始 BeautifulSoup 解析

下述 HTML 代码是关于李白的一首诗及与李白相关的介绍,它将作为例子被多次使用。HTML 主要采用节点对的形式进行编写,如 <html> </html>、<body> </body>、<a> </a> 等。

test04_01. html

```
<html>
```

```
<head>
    <title> BeautifulSoup 技术 </title>
</head>
<body>
<p class = "title"> <b> 静夜思 </b> </p>
<p class = "content">
    床前明月光，<br />
    疑是地上霜。<br />
    举头望明月，<br />
    低头思故乡。<br />
</p>
<p class = "other">
    李白(701 年—762 年)，字太白，号青莲居士，又号"谪仙人"，
    唐代伟大的浪漫主义诗人，被后人誉为"诗仙"，与
    <a href = "http://example.com/dufu" class = "poet" id = "link1"> 杜甫 </a>
    并称为"李杜"，为了与另两位诗人
    <a href = "http://example.com/lishangyin" class = "poet" id = "link2"> 李商隐 </a>、
    <a href = "http://example.com/dumu" class = "poet" id = "link3"> 杜牧 </a> 即
    "小李杜"区别，杜甫与李白又称"大李杜"。
    其人爽朗大方，爱饮酒…… </p>
<p class = "story"> … </p>
```

通过浏览器打开该网页，如图 4.11 所示。

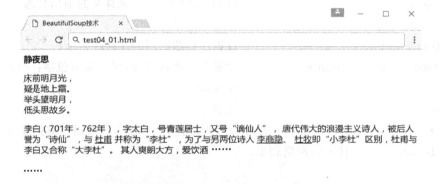

图 4.11　网页显示界面

4.2.1　BeautifulSoup 解析 HTML

代码 test04_01. py 通过 BeautifulSoup 解析 test04_01. html 代码。创建一个 BeautifulSoup 对象，然后调用 BeautifulSoup 库的 prettify()函数格式化输出网页。

test04_01. py

```
# coding = utf - 8
from bs4 import BeautifulSoup

# HTML 源码
html = """
<html>
    <head>
        <title> BeautifulSoup 技术 </title>
    </head>
    <body>
    <p class = "title"> <b> 静夜思 </b> </p>
    <p class = "content">
        床前明月光，<br />
        疑是地上霜。<br />
        举头望明月，<br />
        低头思故乡。<br />
    </p>
    <p class = "other">
        李白(701 年—762 年)，字太白，号青莲居士，又号"谪仙人"，
        唐代伟大的浪漫主义诗人，被后人誉为"诗仙"，与
        <a href = "http:/example.com/dufu" class = "poet" id = "link1"> 杜甫 </a>
        并称为"李杜"，为了与另两位诗人
        <a href = "http:/example.com/lishangyin" class = "poet" id = "link2"> 李商隐 </a>、
        <a href = "http:/example.com/dumu" class = "poet" id = "link3"> 杜牧 </a> 即
        "小李杜"区别，杜甫与李白又合称"大李杜"。
        其人爽朗大方，爱饮酒……
    </p>
    <p class = "story"> … </p>
"""

# 按照标准的缩进格式的结构输出
soup = BeautifulSoup(html)
print(soup.prettify())
```

代码输出结果如下所示，是网页的 HTML 源码。soup. prettify()将 soup 内容格式化输出。当用 BeautifulSoup 解析 HTML 文档时，它将 HTML 文档像 DOM 文档树一样处理。

```
>>>
<html>
  <head>
```

```
<title>
BeautifulSoup 技术
</title>
</head>
<body>
<p class = "title">
<b>
静夜思
</b>
</p>
<p class = "content">
床前明月光,
<br/>
疑是地上霜。
<br/>
举头望明月,
<br/>
低头思故乡。
<br/>
</p>
<p class = "other">
李白(701 年—762 年),字太白,号青莲居士,又号"谪仙人",
    唐代伟大的浪漫主义诗人,被后人誉为"诗仙",与
<a class = "poet" href = "http://example.com/dufu" id = "link1">
杜甫
</a>
并称为"李杜",为了与另两位诗人
<a class = "poet" href = "http://example.com/lishangyin" id = "link2">
李商隐
</a>
、
<a class = "poet" href = "http://example.com/dumu" id = "link3">
杜牧
</a>
即"小李杜"区别,杜甫与李白又合称"大李杜"。
    其人爽朗大方,爱饮酒……
</p>
<p class = "story">
...
</p>
</body>
</html>
```

>>>

注意：前面定义的 HTML 源码标签对是缺少结束标签的，即没有 </body > 和 </html > 标签，但是使用 prettify()函数输出的结果已经自动补齐了结束标签，这是 BeautifulSoup 的一个优点。BeautifulSoup 即使得到了一个损坏的标签，也会产生一个转换 DOM 树，并尽可能与原文档内容的含义一致，这种措施通常能够帮助用户更正确地搜集数据。

当成功安装 BeautifulSoup 4 后，执行"from BeautifulSoup import Beautiful-Soup"语句时可能会遇到如图 4.12 所示的扩展库不存在的错误，即"ImportError：No module named BeautifulSoup"。

```
Traceback (most recent call last):
  File "G:\software\Program software\Python\python insert\testss.py", line 4, in
 <module>
    from BeautifulSoup import BeautifulSoup
ImportError: No module named BeautifulSoup
```

图 4.12　扩展库不存在的错误

产生该错误的原因是 BeautifulSoup 4 扩展库已经改名为 bs4，所以需要使用新的"from bs4 import BeautifulSoup"语句进行导入。

另外，还可以用本地 HTML 文件来创建 BeautifulSoup 对象，代码如下：

```
soup = BeautifulSoup(open('test04_01.html'))
```

4.2.2　简单获取网页标签信息

当使用 BeautifulSoup 解析网页时，如果想获取某个标签之间的信息，那么将如何实现呢？比如，获取标签 <title > 和 </title > 之间的标题内容。test04_02.py 文件中的代码将介绍利用 BeautifulSoup 技术获取标签信息的方法，更系统的知识将在 4.3 节介绍。

test04_02.py

```
# coding = utf - 8
from bs4 import BeautifulSoup

#创建本地文件 soup 对象
soup = BeautifulSoup(open('test04_01.html'), "html.parser")

#获取标题
title = soup.title
print u'标题:', title
```

上述代码用于获取 HTML 的标题，输出结果为" <title > BeautifulSoup 技术

</title>"。同样,可以获取其他标签,如 HTML 的头部(head),代码如下:

```
# 获取标题
head = soup.head
print u'头部:', head
```

输出结果为"<head> <title> BeautifulSoup 技术 </title> </head>"。再比如获取网页中的超链接,通过调用"soup. a"代码来获取超链接(<a> </a>),代码如下:

```
# 获取 a 标签
ta = unicode(soup.a)
print u'超链接内容:', ta
```

输出为"<a class="poet" href="http://example. com/dufu" id="link1"> 杜甫 </a>"。其中,HTML 中包括 3 个超链接,分别对应"杜甫""李商隐""杜牧",而soup. a 只返回第一个超链接。那么,如果想获取所有的超链接,该如何写代码实现呢? 利用 4.2.3 小节介绍的 find_all() 函数就可以实现。

最后给出输出第一个段落(<p>)的代码,如下:

```
# 获取 p 标签
tp = unicode(soup.p)
print u'段落内容:', tp
```

输出结果为"<p class="title"> <b> 静夜思 </b> </p>",其中 unicode() 函数用于转码,否则输出的中文为乱码。

上述代码输出的内容如图 4.13 所示。

图 4.13 输出标签内容

4.2.3 定位标签并获取内容

4.2.2 小节简单介绍了 BeautifulSoup 标签,并且介绍了如何获取 title、p、a 等标签的内容。但是,如何获取这些已经定位了的指定标签所对应的内容呢? 下述代码所实现的功能就是获取网页中所有的超链接标签及对应的 URL 内容。

```
#从文档中找到 <a> 的所有标签链接
for a in soup.find_all('a'):
    print unicode(a)
```

```
#获取 <a> 的超链接
for link in soup.find_all('a'):
    print(link.get('href'))
```

输出结果如图 4.14 所示。第一个 find_all('a')函数是查找所有的 <a> 标签,并通过 for 循环输出结果;第二个 for 循环是通过"link.get('href')"代码获取超链接标签中的 URL 网址。

```
<a class="poet" href="http://example.com/dufu" id="link1">杜甫</a>
<a class="poet" href="http://example.com/lishangyin" id="link2">李商隐</a>
<a class="poet" href="http://example.com/dumu" id="link3">杜牧</a>
http://example.com/dufu
http://example.com/lishangyin
http://example.com/dumu
```

图 4.14　获取所有超链接标签及内容

比如" <a class="poet" href="http://example.com/dufu" id="link1"> 杜甫 </a >",通过调用 find_all('a')函数获取所有超链接的 HTML 源码,再调用 get('href')函数获取超链接的内容,href 属性对应的值为"http://example.com/dufu"。如果想获取文字内容,则调用 get_text()函数,代码如下:

```
for a in soup.find_all('a'):
    print a.get_text()
```

输出结果为 <a> 和 </a> 之间的链接内容,如下所示:

杜甫
李商隐
杜牧

后续章节将详细介绍具体的定位节点方法,结合实际例子进行分析讲解。

4.3　深入了解 BeautifulSoup

4.1 节介绍了 BeautifulSoup 的安装过程,4.2 节介绍了 BeautifulSoup 技术,包括定义对象、获取标签、定位节点等,而本节将深入介绍 BeautifulSoup 技术的语法及用法。

4.3.1 BeautifulSoup 对象

BeautifulSoup 将复杂的 HTML 文档转换成一个树形结构,每个节点都是 Python 对象,BeautifulSoup 官方文档将所有对象总结为 4 种:

- Tag;
- NavigableString;
- BeautifulSoup;
- Comment。

下面将逐一详细介绍。

1. Tag

Tag 对象表示 XML 或 HTML 文档中的标签,通俗地讲就是 HTML 中的一个个标签,该对象与 HTML 或 XML 原生文档中的标签相同。Tag 有很多方法和属性,BeautifulSoup 中定义为 Soup.Tag,其中 Tag 为 HTML 中的标签,比如 head、title 等,其结果返回完整的标签内容,包括标签的属性和内容等。例如:

```
<title> BeautifulSoup 技术 </title>
<p class = "title"> <b> 静夜思 </b> </p>
<a href = "http://example.com/lishangyin" class = "poet" id = "link2"> 李商隐 </a>
```

在上述 HTML 代码中,title、p、a 等都是标签,起始标签(<title>、<p>、<a>)和结束标签(</title>、</p>、</a>)之间加上的内容就是 Tag。标签获取方法的代码如下:

```
print soup.title
#  <title> BeautifulSoup 技术 </title>
print soup.head
#  <head> <title> BeautifulSoup 技术 </title> </head>
print soup.p
#  <p class = "title"> <b> 静夜思 </b> </p>
print soup.a
#  <a class = "poet" href = "http://example.com/dufu" id = "link1"> 杜甫 </a>
```

通过 BeautifulSoup 对象,读者可以轻松地获取标签和标签内容,这比第 3 章介绍的正则表达式爬虫方便很多。注意:它返回的内容是所有标签中第一个符合要求的标签,比如"print soup.a"语句返回第一个超链接标签。

下述代码是输出该对象的类型,即 Tag 对象。

```
print type(soup.html)
#  <class 'BeautifulSoup.Tag'>
```

Tag 有很多的方法和属性,在遍历文档树和搜索文档树中均有详细讲解。现在将介绍 Tag 中最重要的属性：name 和 attrs。

（1）name

name 属性用于获取文档树的标签名字。如果想获取 head 标签的名字，则使用 soup. head. name 代码即可。对于内部标签，输出的值便为标签本身的名字。BeautifulSoup 对象本身比较特殊，它的 name 为 document，代码如下：

```
print soup. name
# [document]
print soup. head. name
# head
print soup. title. name
# title
```

（2）attrs

一个标签（Tag）可能有很多个属性，例如：

```
<a href = "http://example.com/dufu" class = "poet" id = "link1"> 杜甫 </a>
```

它存在两个属性：一个是 class 属性，对应的值为"poet"；另一个是 id 属性，对应的值为"link1"。Tag 属性的操作方法与 Python 字典相同，获取 p 标签的所有属性代码如下，得到一个字典类型的值。它获取的是第一个段落 p 的属性及属性值。

```
print soup. p. attrs
# {u'class': [u'title']}
```

如果需要单独获取某个属性，则可以使用如下两种方法来获取超链接的 class 属性值。

```
print soup. a['class']
# [u'poet']
print soup. a. get('class')
# [u'poet']
```

图 4.15 所示为 HTML 源码，获取的第一个超链接为"class = "poet""。

BeautifulSoup 的每个标签 Tag 可能有很多个属性，可以通过". attrs"获取其属性。Tag 的属性可以被修改、删除或添加。下面举个简单的例子进行介绍，完整代码如下：

test04_03. py

```
# coding = utf - 8
from bs4 import BeautifulSoup
soup = BeautifulSoup(' <b class = "test" id = "yxz"> Eastmount </b> ',
        "html. parser")
```

```
<html>
    <head>
        <title>BeautifulSoup技术</title>
    </head>
    <body>
    <p class="title"><b>静夜思</b></p>
    <p class="content">
        床前明月光，<br />
        疑是地上霜。<br />
        举头望明月，<br />
        低头思故乡。<br />
    </p>
    <p class="other">
        李白（701年－762年），字太白，号青莲居士，又号"谪仙人"，
        唐代伟大的浪漫主义诗人，被后人誉为"诗仙"，与
        <a href="http://example.com/dufu" class="poet" id="link1">杜甫</a>
        并称为"李杜"，为了与另两位诗人
        <a href="http://example.com/lishangyin" class="poet" id="link2">李商隐</a>、
        <a href="http://example.com/dumu" class="poet" id="link3">杜牧</a>
        即"小李杜"区别，杜甫与李白又合称"大李杜"。
        其人爽朗大方，爱饮酒……
    </p>
    <p class="story"> …… </p>
```

图 4.15　HTML 源码

```
tag = soup.b
print tag
print type(tag)

# Name
print tag.name
print unicode(tag.string)

# Attributes
print tag.attrs
print tag['class']
print tag.get('id')

# 修改属性,增加属性 name
tag['class'] = 'abc'
tag['id'] = '1'
tag['name'] = '2'
print tag

# 删除属性
del tag['class']
del tag['name']
print tag
```

```
print tag['class']
#KeyError: 'class'
```

输出结果如图 4.16 所示,包括修改属性 class 和 id,增加属性 name,删除属性 class、name 等。

```
<b class="test" id="yxz">Eastmount</b>
<class 'bs4.element.Tag'>
b
Eastmount
{u'class': [u'test'], u'id': u'yxz'}
[u'test']
yxz
<b class="abc" id="1" name="2">Eastmount</b>
<b id="1">Eastmount</b>
```

图 4.16　属性操作运行结果

注意:HTML 定义了一系列可以包含多个值的属性,最常见的可以包含多个值的属性是 class,还有一些属性如 rel、rev、accept-charset、headers 和 accesskey 等。BeautifulSoup 中多值属性的返回类型是 list,具体操作请读者参考 BeautifulSoup 官网中的相关内容自行学习。

2. NavigableString

前面介绍了如何获取标签的 name 和 attrs,如果想获取标签对应的内容,那么该如何实现呢? 使用 string 属性即可获取标签 <> 与 </> 之间的内容,代码如下:

```
print soup.a['class']
#[u'poet']
print soup.a['class'].string
#杜甫
```

由上述代码可以看出,利用 string 属性获取"<a href="http://example.com/dufu" class="poet" id="link1"> 杜甫 </a>"之间的内容比利用正则表达式要方便很多。

BeautifulSoup 用 NavigableString 类来包装 Tag 中的字符串,其中,NavigableString 表示可遍历的字符串。一个 NavigableString 字符串与 Python 中的 Unicode 字符串相同,并且支持包含在遍历文档树和搜索文档树中的一些特性。

利用下述代码可以查看 NavigableString 的类型。

```
from bs4 import BeautifulSoup
soup = BeautifulSoup(open('test04_01.html'), "html.parser")
tag = soup.title
print type(tag.string)
# <class 'BeautifulSoup.NavigableString'>
```

通过 unicode()方法可以直接将 NavigableString 对象转换成 Unicode 字符串，具体代码如下：

```
unicode_string = unicode(tag.string)
print unicode_string
# BeautifulSoup 技术
print type(unicode_string)
# <type 'unicode'>
```

注意：当使用"print tag. string"获取 title 值时，可能会遇到"TypeError：an integer is required"错误，如图 4.17 所示。它是 Python IDLE 编程环境的缺陷，若使用命令行 Command 模式，则不会提示任何错误。读者也可以通过下面的代码来解决该问题：

```
print unicode(tag.string)
```

或

```
print str(tag.string)
```

```
Traceback (most recent call last):
  File "C:/课程教学内容/20170425 书籍 北航出版社/详细代码文件/test04_03_.py", line 38
, in <module>
    print tag.string
  File "C:\Software\Program Software\Python\lib\idlelib\PyShell.py", line 1344,
in write
    s = unicode.__getslice__(s, None, None)
TypeError: an integer is required
```

图 4.17   tag. string 错误

标签中包含的字符串不能编辑，但是可以被替换成其他的字符串，用 replace_with()方法实现，代码如下：

```
tag.string.replace_with("替换内容")
print tag
# <title> 替换内容 </title>
```

replace_with()函数将"<title> BeautifulSoup 技术 </title>"中的标题内容由"BeautifulSoup 技术"替换成了"替换内容"。NavigableString 对象支持遍历文档树和搜索文档树中定义的大部分属性，而字符串却不能包含其他内容(Tag 对象能够包含字符串或其他 Tag)，不支持". contents"或". string"属性或 find()方法。

注意：如果想在 BeautifulSoup 之外使用 NavigableString 对象，则需要调用 unicode()方法，将 NavigableString 对象转换成普通的 Unicode 字符串，否则就算 BeautifulSoup 的方法已经执行结果，该对象的输出也会带有对象的引用地址，从而浪费内存。

3. BeautifulSoup

BeautifulSoup 对象表示的是一个文档的全部内容,通常情况下把它当作 Tag 对象。BeautifulSoup 对象支持遍历文档树和搜索文档树中描述的大部分方法,详见后续章节。

```
type(soup)
<class 'BeautifulSoup. BeautifulSoup'>
```

注意:上述代码为调用 type()函数查看 soup 变量的数据类型,即为 Beautiful-Soup 对象类型。因为 BeautifulSoup 对象并不是真正的 HTML 或 XML 的标签 Tag,所以它没有 name 和 attrs 属性。但有时查看 BeautifulSoup 对象的".name"属性是很方便的,因为其包含了一个值为"[document]"的特殊属性——soup. name。下述代码即是输出 BeautifulSoup 对象的 name 属性,其值为"[document]"。

```
print soup. name
# u'[document]'
```

4. Comment

Comment 对象是一个特殊类型的 NavigableString 对象,用于处理注释对象。下面的示例代码就是用于读取注释内容。

```
markup = "<b> <! - - This is a comment code. - -> </b>"
soup = BeautifulSoup(markup, "html. parser")
comment = soup. b. string
print type(comment)
# <class 'bs4. element. Comment'>
print unicode(comment)
# This is a comment code.
```

4.3.2　遍历文档树

本小节将简单介绍遍历文档树和搜索文档树及常用的函数。在 BeautifulSoup 中,一个标签 Tag 可能包含多个字符串或其他的标签,这些称为该标签的子标签。

1. 子节点

在 BeautifulSoup 中通过 contents 值获取标签的子节点内容,并以列表的形式输出。以 test04_01. html 代码为例,获取 <head> 标签子节点内容的代码如下:

test04_04. py

```
# coding = utf - 8
from bs4 import BeautifulSoup
soup = BeautifulSoup(open('test04_01.html'), "html. parser")
```

```
print soup.head.contents
# [u'\n', <title> BeautifulSoup\u6280\u672f </title>, u'\n']
```

由于 <title> 和 </title> 之间存在两个换行，所以获取的列表包括两个换行，如果需要提取第二个元素，则代码如下：

```
print soup.head.contents[1]
# <title> BeautifulSoup\u6280\u672f </title>
```

另一个获取子节点的方法是 children 关键字，但它返回的不是一个列表，而是可以通过遍历的方法获取所有子节点的内容。代码如下：

```
print soup.head.children
for child in soup.head.children：
    print child
# <listiterator object at 0x00000000027335F8>
```

前面介绍的 contents 和 children 属性仅包含标签的直接子节点，如果需要获取 Tag 的所有子节点，甚至是子孙节点，则需要使用 descendants 属性，代码如下：

```
for child in soup.descendants：
    print unicode(child)
```

输出结果如图 4.18 所示，所有的 HTML 标签都打印出来了，需要 unicode()转换编码。

```
<html>
<head>
<title>BeautifulSoup技术</title>
</head>
<body>
<p class="title"><b>静夜思</b></p>
<p class="content">
                床前明月光，<br/>
                疑是地上霜。<br/>
                举头望明月，<br/>
                低头思故乡。<br/>
</p>
<p class="other">
                李白（701年－762年），字太白，号青莲居士，又号"谪仙人"，
                唐代伟大的浪漫主义诗人，被后人营为"诗仙"，与
                <a class="poet" href="http://example.com/dufu" id="link1">杜甫</a>
                并称为"李杜"，为了与另外两位诗人
                <a class="poet" href="http://example.com/lishangyin" id="link2">李商隐</a>、
                <a class="poet" href="http://example.com/dumu" id="link3">杜牧</a>即"小李杜"区别，杜甫与李白又合称"大李杜"。
                其人爽朗大方，爱饮酒……</p>
<p class="story">...</p></body></html>
```

图 4.18 HTML 所有子节点

2. 节点内容

如果标签只有一个子节点,且需要获取该子节点的内容,则使用 string 属性输出子节点的内容,通常返回最里层的标签内容。比如获取标题内容,代码如下：

```
print unicode(soup.head.string)
# None
print unicode(soup.title.string)
# BeautifulSoup 技术
```

当标签包含多个子节点时,Tag 就会无法确定 string 获取哪个子节点的内容,此时输出的结果就是 None。比如获取 <head> 的内容,返回值就是 None,因为包括两个换行元素。

若需要获取多个节点内容,则使用 strings 属性,代码如下：

```
for content in soup.strings:
    print unicode(content)
```

但是输出的字符串可能包含多余的空格或换行,此时需要使用 stripped_strings 方法去除多余的空白内容,代码如下：

```
for content in soup.stripped_strings:
    print unicode(content)
```

运行结果如图 4.19 所示。

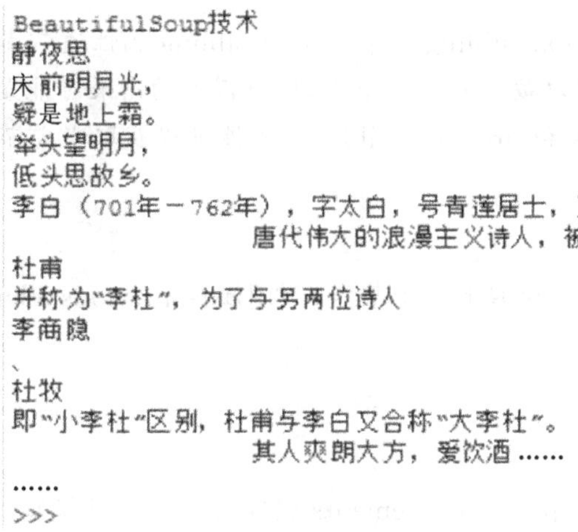

```
BeautifulSoup技术
静夜思
床前明月光,
疑是地上霜。
举头望明月,
低头思故乡。
李白 (701年-762年),字太白,号青莲居士,又号"谪仙人",
                唐代伟大的浪漫主义诗人,被后人誉为"诗仙",与
杜甫
并称为"李杜",为了与另两位诗人
李商隐
、
杜牧
即"小李杜"区别,杜甫与李白又合称"大李杜"。
                其人爽朗大方,爱饮酒……
……
>>>
```

图 4.19　获取的所有内容

3. 父节点

调用 parent 属性定位父节点,如果需要获取节点的标签名则使用 parent.name,代码如下：

```
p = soup.p
print p.parent
print p.parent.name
# <p class = "story"> … </p> </body>
# body
```

```
content = soup.head.title.string
print content.parent
print content.parent.name
# <title> BeautifulSoup 技术 </title>
# title
```

如果需要获取所有的父节点，则使用 parents 属性循环获取，代码如下：

```
content = soup.head.title.string
for parent in content.parents:
    print parent.name
```

4. 兄弟节点

兄弟节点是指和本节点位于同一级的节点，其中，next_sibling 属性是获取该节点的下一个兄弟节点，previous_sibling 则与之相反，取该节点的上一个兄弟节点，如果节点不存在，则返回 None。

```
print soup.p.next_sibling
print soup.p.previous_sibling
```

注意：实际文档中 Tag 的 next_sibling 和 previous_sibling 属性通常都是字符串或空白，因为空白或者换行也可以被视作一个节点，所以得到的结果可能是空白或者换行。同理，通过 next_siblings 和 previous_siblings 属性可以获取当前节点的所有兄弟节点，然后再调用循环迭代输出。

5. 前后节点

调用属性 next_element 可以获取下一个节点，调用属性 previous_element 可以获取上一个节点，代码如下：

```
print soup.p.next_element
print soup.p.previous_element
```

同理，通过 next_siblings 和 previous_elements 属性可以获取当前节点的所有兄弟节点，然后再调用循环迭代输出。注意：如果有"TypeError：an integer is required"报错，则需要增加 unicode()函数转换成中文编码输出。

4.3.3 搜索文档树

对于搜索文档树，本小节主要讲解 find_all()方法，这是最常用的一种方法，更多的方法与遍历文档树类似,包括父节点、子节点、兄弟节点等,请读者自行学习。

如果想从网页中得到所有的 <a> 标签,则使用 find_all()方法的代码如下:

```
urls = soup.find_all('a')
for u in urls:
    print u
# <a class = "poet" href = "http://example.com/dufu" id = "link1"> 杜甫 </a>
# <a class = "poet" href = "http://example.com/lishangyin" id = "link2"> 李商隐 </a>
# <a class = "poet" href = "http://example.com/dumu" id = "link3"> 杜牧 </a>
```

注意:如果有"'NoneType' object is not callable using 'find_all' in Beautiful-Soup"报错,则需要安装 BeautifulSoup 4 版本或 bs4,因为 find_all()方法属于该版本。而 BeautifulSoup 3 使用的方法如下:

```
from BeautifulSoup import BeautifulSoup
soup.findAll('p', align = "center")
```

同样,该函数支持传入正则表达式作为参数,BeautifulSoup 会通过正则表达式的 match()来匹配内容。下面的示例代码是找出所有以 b 开头的标签:

```
import re
for tag in soup.find_all(re.compile("^b")):
    print(tag.name)
# body
# b
# br
# br
```

其输出结果包括以 b 开头的所有标签名,如 body、b、br、br。如果想获取标签 a 和标签 b 的值,则使用下面的函数:

```
soup.find_all(["a", "b"])
```

注意:find_all()函数是可以接受参数进行指定节点查询的,代码如下:

```
soup.find_all(id = 'link1')
# <a class = "poet" href = "http://example.com/dufu" id = "link1"> 杜甫 </a>
```

也可以接受多个参数,比如:

```
soup.find_all("a", class_ = "poet")
# <a class = "poet" href = "http://example.com/dufu" id = "link1"> 杜甫 </a>
# <a class = "poet" href = "http://example.com/lishangyin" id = "link2"> 李商隐 </a>
# <a class = "poet" href = "http://example.com/dumu" id = "link3"> 杜牧 </a>
```

至此,BeautifulSoup 的基础知识及用法已经讲述完毕,接下来将通过一个简单示例来讲解如何利用 BeautifulSoup 爬取网络数据。

4.4　用 BeautifulSoup 简单爬取个人博客网站

3.4 节讲述了利用正则表达式爬取个人博客网站的简单示例,下面将介绍如何利用 BeautifulSoup 方法来爬取个人博客网站的内容。BeautifulSoup 提供了一些简单方法以及类 Python 语法来查找一棵转换树,帮助解析一棵树并定位获取所需要的内容。

打开网址"http://www.eastmountyxz.com/"(作者个人的博客网站),如图 4.20 所示。

图 4.20　博客首页

现在需要爬取博客首页中 4 篇文章的标题、超链接及摘要内容,比如标题为"再见北理工:忆北京研究生的编程时光"。

首先通过浏览器定位这些元素源码,发现它们之间的规律,这称为 DOM 树文档节点树分析,找到所需爬取节点对应的属性和属性值,如图 4.21 所示。

标题位于 <div class="essay"> </div> 之间,它包括一个" <h1> </h1> "记录标题,一个" <p> </p> "记录摘要信息,其余 3 篇文章节点分别为" <div class="essay1"> </div> ""<div class="essay2"> </div> ""<div class="essay3"> </div> "。现在需要获取第一篇文章的标题、超链接和摘要,具体代码如下:

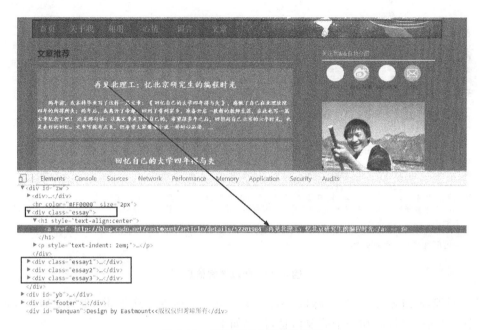

图 4.21　网页 DOM 树定位分析

test04_05.py

```
# - * - coding: utf-8 - * -
import re
import urllib2
from bs4 import BeautifulSoup
url = "http://www.eastmountyxz.com/"
page = urllib2.urlopen(url)
soup = BeautifulSoup(page, "html.parser")

essay0 = soup.find_all(attrs={"class":"essay"})
for tag in essay0:
    print tag
    print"                           #换行
    print tag.a
    print tag.find("a").get_text()
    print tag.find("a").attrs['href']
    content = tag.find("p").get_text()
    print content.replace(",'')
print ''
```

　　输出结果如图 4.22 所示,其中代码"soup.find_all(attrs={"class":"essay"})"用于获取节点"<div class="essay">"的内容,然后采用循环输出,但该 class 类型只包括一段内容。接着再定位 div 中的超链接,通过"tag.find("a").get_text()"获取内容,通过"tag.find("a").attrs['href']"获取超链接 URL,最后获取段落摘要。

```
>>>
<div class="essay">
<h1 style="text-align:center"><a href="http://blog.csdn.net/eastmount/article/de
tails/52201984">再见理工：忆北京研究生的编程时光</a></h1>
<p style="text-indent: 2em;">    两年前，我本科毕业写了这样一篇文章：《回忆自己的大学四
年得与失》，感慨了自己在北理软院四年的所得所失；两年后，我离开了帝都，回到了贵州家乡，准备
开启一段新的教师生涯，在此也写一篇文章纪念下吧！
        还是那句话：这篇文章是写给自己的，希望很多年之后，回想起自己北京的六年时光，也是美
好的回忆。文章可能有点长，但希望大家像读小说一样耐心品读 …… </p>
</div>

<a href="http://blog.csdn.net/eastmount/article/details/52201984">再见理工：忆北
京研究生的编程时光</a>
再见理工：忆北京研究生的编程时光
http://blog.csdn.net/eastmount/article/details/52201984
两年前，我本科毕业写了这样一篇文章：《回忆自己的大学四年得与失》，感慨了自己在北理软院四年的
所得所失；两年后，我离开了帝都，回到了贵州家乡，准备开启一段新的教师生涯，在此也写一篇文章纪
念下吧！
还是那句话：这篇文章是写给自己的，希望很多年之后，回想起自己北京的六年时光，也是美好的回忆。
文章可能有点长，但希望大家像读小说一样耐心品读 ……
```

图 4.22　爬取博客信息

同理,通过循环获取 essay1、essay2 和 essay3 的内容。这些 div 布局中的格式都一样,包括一个标题和一个摘要信息,代码如下：

```
i = 1
while i <= 3：
    num = "essay" + str(i)
    essay = soup.find_all(attrs = {"class":num})
    for tag in essay：
        print tag.find("a").get_text()
        print tag.find("a").attrs['href']
        content = tag.find("p").get_text()
        print content.replace("，'')
    i += 1
    print ''
```

输出结果如下：

回忆自己的大学四年得与失

http://blog.csdn.net/eastmount/article/details/34619941

转眼间,大学四年就过去了,我一直在犹豫到底要不要写一篇文章来回忆自己大学四年的所得所失,最后还是准备写下这样一篇文章来纪念自己的大学四年吧！这篇文章是写给自己的,多少年之后回想起自己的大学青春也是美好的回忆.也希望大家像读小说一样看完后也能温馨一笑或唏嘘摇头,想想自己的大学生活吧！如果有错误或不足之处,请海涵或当作荒唐之言即可……

Java + MyEclipse + Tomcat(六)详解 Servlet 和 DAO 数据库增删改查

http://blog.csdn.net/eastmount/article/details/45936121

此篇文章主要讲述 DAO、JavaBean 和 Servlet 实现操作数据库,把链接数据库、数据库操作、前

端界面显示分模块化实现。其中包括数据的 CRUD 增删改查操作,并通过一个常用的 JSP 网站前端模板界面进行描述。参考前文:Java＋MyEclipse＋Tomcat(一)配置过程及 jsp 网站开发入门....

C♯ 系统应用之 EM 安全卫士总结及源码分享
http://blog.csdn.net/eastmount/article/details/45030593
本文主要是总结自己"C♯系统应用系列"的一篇文章,讲述以前的毕设"个人电脑使用记录清除软件设计与实现"。希望对大家有所帮助。同时建议大家下载源码,不论是界面还是注释及应用都是非常不错的 C♯学习程序。下载地址(免费资源):
http://download.csdn.net/detail/eastmount/8591789、http://pan.baidu.com/s/1o93rS⋯⋯

至此,整个 BeautifulSoup 技术已经讲完,可以看出其比前面的正则表达式方便很多,而且爬取的函数也智能很多。后续章节还会深入讲解 BeautifulSoup 的实际操作,包括爬取电影信息、存储数据库等内容。

4.5　本章小结

BeautifulSoup 是一个可以从 HTML 或 XML 文件中提取所需数据的 Python 库,这里把它看作是一种技术。一方面,BeautifulSoup 具有智能化爬取网页信息的强大功能,对比前面的正则表达式爬虫,其具有较好的便捷性和适用性,通过载入整个网页文档并调用相关函数定位所需信息的节点,再爬取相关内容;另一方面,BeautifulSoup 使用起来比较简单,API 非常人性化,采用类似于 XPath 的分析技术定位标签,并且支持 CSS 选择器,开发效率相对较高,被广泛应用于 Python 数据爬取领域。

参考文献

[1] 佚名. BeautifulSoup 4.2.0 文档[EB/OL].[2017-08-26].https://www.crummy.com/software/BeautifulSoup/bs4/doc/index.zh.html .

[2] 佚名. BeautifulSoup 4.4.0 文档[EB/OL].[2017-08-26]. http://beautifulsoup.readthedocs.io/zh_CN/latest/.

[3] 佚名. BeautifulSoup[EB/OL].[2017-08-26].https://www.crummy.com/software/BeautifulSoup/♯Download.

[4] 崔庆才. Python 爬虫利器二之 BeautifulSoup 的用法 ︱ 静觅[EB/OL].[2017-08-26]. http://cuiqingcai.com/1319.html.

第 5 章

用 BeautifulSoup 爬取电影信息

第 4 章详细介绍了 BeautifulSoup 技术,本章主要结合具体实例进行深入分析,讲述一个基于 BeautifulSoup 技术的爬虫,用于爬取豆瓣排名前 250 名电影的信息,主要内容包括:分析网页 DOM 树结构、爬取豆瓣电影信息、分析链接跳转及爬取每部电影对应的详细信息。本章从实战出发,让读者初步了解如何分析网页结构以及如何调用 BeautifulSoup 技术爬取网络数据,后续章节将进一步深入讲解。

5.1 分析网页 DOM 树结构

5.1.1 分析网页结构及简单爬取

豆瓣(Douban)是一个社区网站,创立于 2005 年 3 月 6 日。该网站以书影音起家,提供关于书籍、电影、音乐等作品的信息,其作品描述和评论都是由用户提供(User-Generated Content,UGC)的,是 Web 2.0 网站中具有特色的一个网站。该网站提供了书影音推荐、线下同城活动、小组话题交流等多种服务功能,致力于帮助都市人群发现生活中有用的事物。

爬取豆瓣的地址为 https://movie.douban.com/top250? format=text,如图 5.1 所示。

图 5.1 所示为豆瓣排名前 250 名电影中部分电影的信息,包括电影中文名称、英文名称、导演、主演、评分、评论数等信息,接下来需要对其进行 DOM 树结构分析。

HTML 网页是以标签对的形式出现的,如 "<html></html>""<div></div>"等,这种标签对呈树形结构显示,通常称为 DOM 树结构。在得到一个网页之后,需要结合浏览器对其进行元素分析。比如豆瓣电影网站,右击第一部电影《肖申克的救赎》,在弹出的快捷菜单选择"检查"命令(在 Chrome 浏览器中称为"检查",在其他浏

图 5.1　豆瓣电影

览器中可能称为"审查元素"等),如图 5.2 所示。

图 5.2　选择"检查"命令

　　显示结果如图 5.3 所示,可以发现它是在" <div class="article"> </div> "路径下,由很多个" <li> </li> "组成,每一个" <li> </li> "分别对应一部电影的信息。其中,电影《肖申克的救赎》的 HTML 中对应的内容为" <li> <div class="item"> … </div> </li> ",通过 class 值为"item"可以定位电影的信息。调用 BeautifulSoup 扩展库的 find_all(attrs={"class":"item"})函数可以获取其信息。

　　对应的 HTML 部分代码如下:

```
<li> <div class = "item">
```

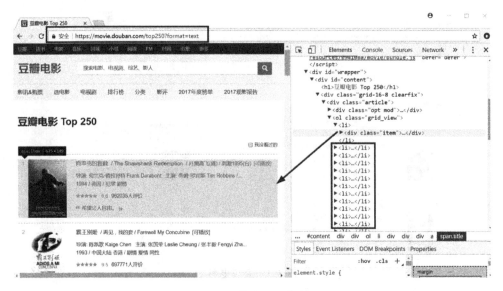

图 5.3　检查显示结果

```
<div class = "pic">
    <em class = ""> 1 </em>
    <a href = "https://movie.douban.com/subject/1292052/">
    <img alt = "肖申克的救赎" src = "https://img3.doubanio.com/…/p480747492.
    webp" >
    </a>
</div>
<div class = "info"> … </div>
</div> </li>
```

下面通过 test05_01.py 代码可以获取电影的信息,调用 BeautifulSoup 中的 find_all()函数可以获取" <div class='item' >"的信息。

test05_01.py

```
# _*_ coding:utf-8 _*_
import urllib2
import re
from bs4 import BeautifulSoup

# 爬虫函数
def crawl(url):
    page = urllib2.urlopen(url)
    contents = page.read()
    soup = BeautifulSoup(contents, "html.parser")
```

```
    print u'豆瓣电影 250：序号 \t 影片名\t  评分 \t 评价人数 '
    for tag in soup. find_all(attrs = {"class":"item"}):
        content = tag. get_text()
        content = content.replace('\n','')    # 删除多余换行
        print content, '\n'

#  主函数
if __name__  == '__main__':
    url = 'http://movie.douban.com/top250? format = text'
    crawl(url)
```

运行结果如图 5.4 所示，爬取了豆瓣 Top250 的第一页电影的信息，包括序号、影片名、导演及主演信息、评分、评价人数等。

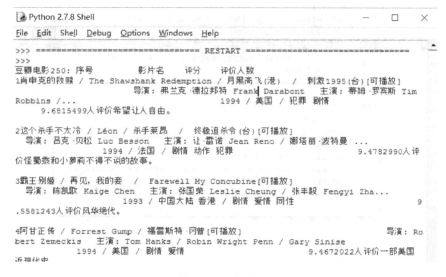

图 5.4　运行结果

urllib2. urlopen()函数用于创建一个表示远程 URL 的类文件对象，然后像操作本地文件一样操作这个类文件对象来获取远程数据。调用 read()函数读取网页内容并赋值给 contents 变量，再调用 BeautifulSoup 的 find_all()函数获取属性 class 为"item"的所有值，并调用代码 content. replace('\n',")将换行符替换为空值，从而删除多余换行，最后循环输出结果。

5.1.2　定位节点及网页翻页分析

在 5.1.1 小节中获取了电影的简介信息，但是这些信息是融合在一起的，而在数据分析时，通常需要将某些具有使用价值的信息提取出来，并存储至数组、列表或数据库中，比如电影名称、演员信息、电影评分等。作者简单归纳了两种常见的方法：

① 文本分析。从获取的电影简介文本信息中提取某些特定的值,通常采用字符串处理方法进行提取。

② 节点定位。在写爬虫的过程中定位相关节点,然后进行爬取所需节点的操作,最后赋值给变量或存储到数据库中。

本小节将结合 BeautifulSoup 技术,采用节点定位方法获取具体的信息。打开 HTML 网页,检查对应的"<li> </li>"节点,可以看到该电影的构成情况,再定位节点内容,如 <span class="title"> 节点可以获取标题,<div class="star"> 节点可以获取电影评分和评价人数,如图 5.5 所示。

图 5.5 定位元素

获取节点的核心代码如下,定位 class 属性为"item"的 div 布局后,再调用 find_all()函数查找 class 属性为"title"的标签,并获取第一个值输出,即 unicode(title[0])。接着调用 find()函数爬取评分信息,通过 get_text()函数获取内容。

```
for tag in soup.find_all(attrs={"class":"item"}):
    title = tag.find_all(attrs={"class":"title"})          #电影名称
info = tag.find(attrs={"class":"star"}).get_text()          #爬取评分和评论数
print unicode(title[0])
print info.replace('\n',")
#  <span class="title"> 肖申克的救赎 </span>
```

＃ 9.6880350 人评

讲到这里,第一页的 25 部电影信息就爬取成功了,而这样的网页共 10 页,每页显示 25 部电影,那么如何获取这 250 部电影的完整信息呢？这就涉及了链接跳转和网站的翻页分析。

网站的翻页分析通常有 3 种方法：

① 单击"后页"按钮分析 URL 网址,然后分析它们之间的规律。利用这种方法的网站通常采用 GET 方法进行传值,而有的网站采用局部刷新技术,翻页后的 URL 仍然不变。

② 获取"后页"按钮或页码的超链接,然后依次调用 urllib2.urlopen(url) 函数来访问 URL 并实现网页跳转。

③ 采用网页自动操作技术,获取"后页"按钮或超链接进行自动单击跳转,如 Selenium 技术中的鼠标单击事件。

页码跳转如图 5.6 所示。

25　无间道 / 無間道 / Infernal Affairs [可播放]

导演: 刘伟强 / 麦兆辉　主演: 刘德华 / 梁朝伟 / 黄秋生
2002 / 香港 / 犯罪 悬疑 惊悚

★★★★☆　9.0　375175人评价

❝ 香港电影史上永不过时的杰作。❞

<前页　**1** 2 3 4 5 6 7 8 9 10　后页>　(共250条)

图 5.6　页码跳转

这里主要采用第一种分析方法,后面讲述 Selenium 技术时会介绍鼠标单击事件操作的跳转方法。

通过单击图 5.6 中的"2""3""10",可以看到网页 URL 的变化如下：

第 2 页 URL:https://movie.douban.com/top250? start = 25&filter =

第 3 页 URL:https://movie.douban.com/top250? start = 50&filter =

第 10 页 URL:https://movie.douban.com/top250? start = 225&filter =

网页 URL 的变化是有一定规律的,"top250? start＝25"表示获取第 2 页(序号为 26～50 号)的电影信息,"top250? start＝50"表示获取第 3 页(序号为 51～75 号)的电影信息,依次类推。这里写一个循环即可获取 250 部电影的完整信息,核心代码如下：

```
i = 0
while i <10:
    num = i * 25  #每次显示 25 部,URL 序号按 25 增加
    url = 'https://movie.douban.com/top250? start = ' + str(num) + '&filter = '
    crawl(url)
    i = i + 1
```

注意:当 i 的初始值为 0,num 值为 0 时,获取第 1 页信息;当 i 增加为 1,num 值为 25 时,获取第 2 页信息;当 i 增加为 9,num 值为 225 时,获取第 10 页的信息。

讲到这里,爬取豆瓣电影信息的 DOM 树结构分析、网页链接跳转分析已经完成,下面将介绍爬取豆瓣电影信息的完整代码。

5.2　爬取豆瓣电影信息

爬取豆瓣电影信息的完整代码如 test05_02.py 文件所示。

test05_02.py

```
# - * - coding: utf - 8 - * -
# test05_02.py
import urllib2
import re
from bs4 import BeautifulSoup
import codecs


#爬虫函数
def crawl(url):
    page = urllib2.urlopen(url)
    contents = page.read()
    soup = BeautifulSoup(contents, "html.parser")
    infofile.write(u"")
    print u'爬取豆瓣电影 250: \n'
    for tag in soup.find_all(attrs = {"class":"item"}):
        #爬取序号
        num = tag.find('em').get_text()
        print num
        infofile.write(num + "\r\n")
        #电影名称
        name = tag.find_all(attrs = {"class":"title"})
        zwname = name[0].get_text()
        print u'[中文名称]', zwname
        infofile.write(u"[中文名称]" + zwname + "\r\n")
```

```
#网页链接
url_movie = tag.find(attrs = {"class":"hd"}).a
urls = url_movie.attrs['href']
print u'[网页链接]', urls
infofile.write(u"[网页链接]" + urls + "\r\n")
#爬取评分和评论数
info = tag.find(attrs = {"class":"star"}).get_text()
info = info.replace('\n',")
info = info.lstrip()
print u'[评分评论]', info
#获取评语
info = tag.find(attrs = {"class":"inq"})
if(info): #避免没有影评时调用 get_text()报错
    content = info.get_text()
    print u'[影评]', content
    infofile.write(u"[影评]" + content + "\r\n")
print "
```

```
#主函数
if __name__ == '__main__':
    infofile = codecs.open("Result_Douban.txt", 'a', 'utf - 8')
    i = 0
    while i <10:
        print u' 页码 ', (i + 1)
        num = i * 25 #每次显示 25 部,URL 序号按 25 增加
        url = 'https://movie.douban.com/top250? start = ' + str(num) + '&filter = '
        crawl(url)
        infofile.write("\r\n\r\n")
        i = i + 1
    infofile.close()
```

　　运行结果如图 5.7 所示,爬取了电影名称、网页链接、评分、评论数和影评等信息,并且将爬取的 250 部电影信息存储到"Result_Douban.txt"文件中。

　　在代码中,主函数通过定义循环来依次获取不同页码的 URL,然后调用 crawl(url)函数对每页的电影信息进行定向爬取。在 crawl(url)函数中,通过 urlopen()函数访问豆瓣电影网址,然后调用 BeautifulSoup 函数进行 HTML 分析。由于 5.1 节已经分析每部电影都位于"<li> <div class = "item"> ··· </div> </li>"节点下,故采用如下 for 循环依次定位到每部电影。

```
for tag in soup.find_all(attrs = {"class":"item"}):
    #分别爬取每部电影的具体信息
```

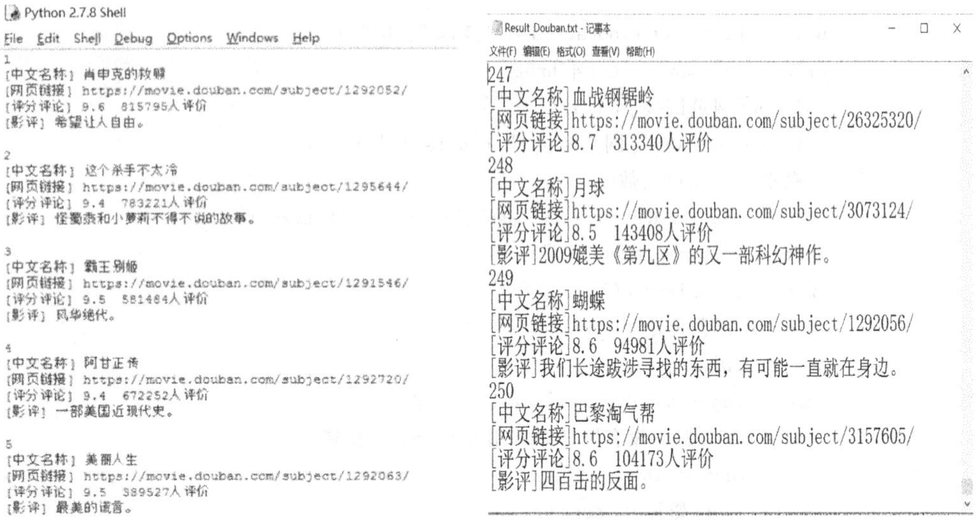

图 5.7　获取电影信息

然后再进行定向爬取,方法如下:

1. 获取序号

序号对应的 HTML 源码如图 5.8 所示,需要定位到"<em class> 1 </em>"节点,通过 find('em')函数获取具体的内容。对应的代码如下:

```
num = tag.find('em').get_text()
print num
```

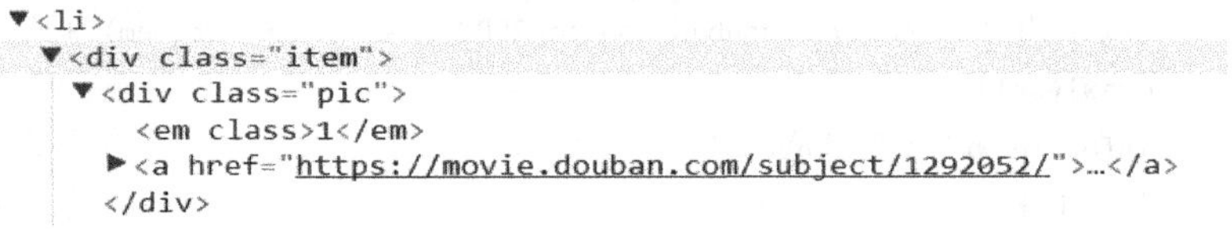

图 5.8　获取电影序号

2. 获取电影名称

电影名称对应的 HTML 源码如图 5.9 所示,包括"class="title""对应中文名称和英文名称,"class="other""对应电影其他名称。

因为 HTML 中包含两个 title,即"<span class="title"> </span>",所以使用 tag.find_all(attrs={"class":"title"})代码获得了两个标题,但这里仅需要中文标题,故直接通过变量 name[0]获取其第一个值,即为中文名称,再调用 get_text()函数用于获取其内容。对应代码如下:

```
name = tag.find_all(attrs = {"class":"title"})
```

肖申克的救赎 / The Shawshank Redemption / 月黑高飞(港) / 刺激1995(台) [可播放]

导演: 弗兰克·德拉邦特 Frank Darabont　主演: 蒂姆·罗宾斯 Tim Robbins /...
1994 / 美国 / 犯罪 剧情

★★★★★　9.6　815795人评价

```
]   Elements   Console   Sources   Network   Timeline   Profiles   Application   Security   Audits
      ▼<a href="https://movie.douban.com/subject/1292052/"></a>
      </div>
    ▼<div class="info">
      ▼<div class="hd">
        ▼<a href="https://movie.douban.com/subject/1292052/" class>
            <span class="title">肖申克的救赎</span> == $0
            <span class="title"> / The Shawshank Redemption</span>
            <span class="other"> / 月黑高飞(港)　/　刺激1995(台)</span>
          </a>
          <span class="playable">[可播放]</span>
      </div>
    ▶<div class="bd">...</div>
```

图 5.9　获取电影名称

```
zwname = name[0].get_text()
print u'[中文名称]', zwname
infofile.write(u"[中文名称]" + zwname + "\r\n")
```

同时,上述代码调用了 codecs 库进行文件处理,其中文件操作的核心代码如下。打开文件的 3 个参数分别是:文件名、读/写方式、编码方式。此处文件名为"Result_Douban.txt",采用文件写方式(a),编码方式是 utf-8。

```
infofile = codecs.open("Result_Douban.txt", 'a', 'utf-8')   #打开文件
infofile.write(num + " " + name + "\r\n")                    #写文件
infofile.close()                                             #关闭文件
```

3. 获取电影链接

电影链接对应的 HTML 源码如图 5.9 所示,定位到"<div class="hd">"节点下的"<a></a>"节点,然后获取属性为 href 的值,即"attrs['href']",代码如下:

```
url_movie = tag.find(attrs={"class":"hd"}).a
urls = url_movie.attrs['href']
print u'[网页链接]', urls
```

获取评分与获取内容的方法一样,调用"find(attrs={"class":"star"}).get_text()"即可。但是这样存在一个问题,它输出的结果将评分和评价数放在了一起,如"9.4　783221人评价",而通常在做分析时,评分存在一个变量中,评价数存在另一个变量中。这就需要进行简单的文本处理。这里推荐大家使用前面讲述的正则表达式,调用"re.compile(r'\d+\.?\d*')"获取字符串中的数字,第一个数字为电影的评分,第二个数字为电影的评论数,具体代码如下:

```
＃爬取评分和评论数
info = tag.find(attrs = {"class":"star"}).get_text()
info = info.replace('\n',")
info = info.lstrip()
print info
mode = re.compile(r'\d + \. ? \d * ')  ＃正则表达式获取数字
print mode.findall(info)
i = 0
for n in mode.findall(info):
    if i == 0:
        print u'[分数]', n
        infofile.write(u"[分数]" + n + "\r\n")
    elif i == 1:
        print u'[评论]', n
        infofile.write(u"[评论]" + n + "\r\n")
    i = i + 1
```

获取结果的前后对比如图 5.10 所示。

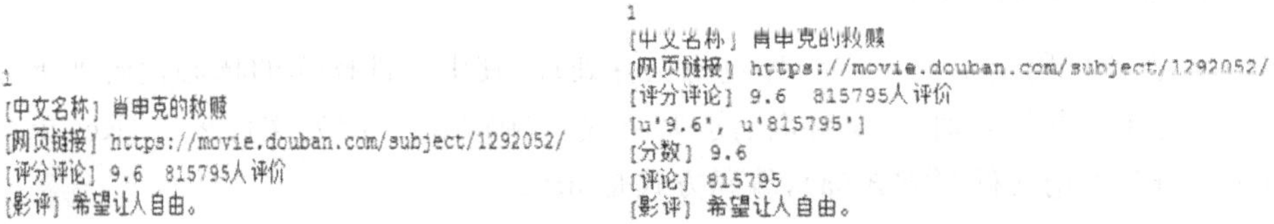

图 5.10　获取电影评分和评论数的前后对比

这样,整个豆瓣排名前 250 名电影的信息就爬取成功了。接下来再继续深入,到每个具体的网页中爬取更多的详细信息及评论。同时,作者更推荐使用分析方法,只有知道了具体的方法才能解决具体的问题。

5.3　链接跳转分析及详情页面爬取

5.2 节详细分析了如何爬取豆瓣前 250 名电影的信息,同时爬取了每部电影对应的详细页面的超链接。本节主要结合每部电影的超链接 URL 网站,定位到具体的电影页面,然后进一步进行详情页面爬取。这里还是以电影《肖申克的救赎》为例,前面爬取了该电影的超链接地址 https://movie.douban.com/subject/1292052/,打开如图 5.11 所示。

这里主要分析如何爬取电影基本信息、电影简介以及热门影评信息,其中影评信息如图 5.12 所示。

豆瓣电影　　电影、影人、榜单、电视剧　　　🔍

影讯&购票　选电影　电视剧　排行榜　分类　影评　2016年度榜单　2016观影报告

No.1　豆瓣电影Top250

肖申克的救赎 The Shawshank Redemption (1994)

导演: 弗兰克·德拉邦特
编剧: 弗兰克·德拉邦特 / 斯蒂芬·金
主演: 蒂姆·罗宾斯 / 摩根·弗里曼 / 鲍勃·冈顿 / 威廉姆·赛德勒 / 克兰西·布朗 / 更多......
类型: 剧情 / 犯罪
制片国家/地区: 美国
语言: 英语
上映日期: 1994-09-10(多伦多电影节) / 1994-10-14(美国)
片长: 142 分钟
又名: 月黑高飞(港) / 刺激1995(台) / 地狱诺言 / 铁窗岁月 / 消香克的救赎
IMDb链接: tt0111161

豆瓣评分

9.6 ★★★★★
880739人评价

5星 ████████ 82.1%
4星 ██ 15.7%
3星 ▌2.0%
2星 0.1%
1星 0.1%

好于 99% 剧情片
好于 99% 犯罪片

想看　看过　评价: ☆☆☆☆☆

♡ 写短评　✎ 写影评　+ 提问题　分享到 ▾　　　　　　　　　　　　推荐

肖申克的救赎的剧情简介 · · · · · ·

　　20世纪40年代末,小有成就的青年银行家安迪(蒂姆·罗宾斯 Tim Robbins 饰)因涉嫌杀害妻子及她的情人而锒铛入狱。在这座名为肖申克的监狱内,希望似乎虚无缥缈,终身监禁的惩罚无疑注定了安迪接下来灰暗绝望的人生。未过多久,安迪尝试接近囚犯中颇有声望的瑞德(摩根·弗里曼 Morgan Freeman 饰),请求对方帮自己搞来小锤子。以此为契机,二人逐渐熟稔,安迪也仿佛在鱼龙混杂、罪恶横生、黑白混淆的牢狱中找到属于自己的求生之道。他利用自身的专业知识,帮助监狱管理层逃税、洗黑钱,同时凭借与瑞德的交往在犯人中间也渐渐受到礼遇。表面看来,他已如瑞德那样对那堵高墙从憎恨转变为处之泰然,但是对自由的渴望仍促使他朝着心中的希望和目标前进。而关于其罪行的真相,似乎更使这一切朝前推进了一步 · · · · · ·

　　本片根据著名作家斯蒂芬·金(Stephen Edwin King)的 · · · · · ·(展开全部)©豆瓣

图 5.11　电影详情页面

肖申克的救赎的短评 · · · · · ·(全部 207039 条)　　　　　　　　我要写短评

热门 / 最新 / 好友

kingfish 看过 ★★★★★ 2006-03-22　　　　　　　　　　　　11417 有用
不需要女主角的好电影

711|鸿好运 看过 ★★★★★ 2010-03-27　　　　　　　　　　　4158 有用
策划了19年的私奔 · · · · · ·

寂地 看过 ★★★★★ 2006-01-02　　　　　　　　　　　　　1928 有用
超级喜欢超级喜欢,不看的话人生不圆满.

理想多钱一斤啊 看过 ★★★★ 2009-10-07　　　　　　　　　533 有用
Hope is a good thing, and maybe the best thing of all.

图 5.12　影评信息

1. 爬取详情页面基本信息

下面对详情页面进行 DOM 树节点分析(见图 5.13),其基本信息位于"<div class="article">…</div>"标签下,核心内容位于该节点下的子节点中,即"<div id="info">…</div>"。使用如下代码获取内容:

```
info = soup.find(attrs = {"id":"info"})
print info.get_text()
```

图 5.13   分析基本信息 DOM 结构

2. 爬取详情页面电影简介

同样,通过浏览器审查元素可以得到如图 5.14 所示的电影简介 HTML 源码,其电影简介位于"<div class="related-info">…</div>"节点下,它包括简短版(Short)的简介和隐藏的详细版简介(all_hidden),这里通过"find(attrs={"class":"related-info"}).get_text()"获取,代码如下:

```
other = soup.find(attrs = {"class":"related - info"}).get_text()
print other.replace('\n',").replace(",")   #过滤空格和换行
```

其中,代码"replace('\n',").replace(",")"用于过滤所爬取 HTML 中多余的空格和换行符号。

图 5.14　分析电影简介 DOM 结构

3. 爬取详情页面热门影评信息

热门影评信息位于"<div id＝"hot-comments"> … </div>"节点下,然后获取节点下的多个 class 属性为"comment-item"的 div 布局,如图 5.15 所示。当使用 find()或 find_all()函数进行爬取时,需要注意标签属性是 class 还是 id,或是其他,必须与之对应一致才能正确爬取。

图 5.15　分析热门影评信息 DOM 结构

代码如下：

#评论
print u'\n 评论信息：'

```
for tag in soup.find_all(attrs = {"id":"hot - comments"}):
    for comment in tag.find_all(attrs = {"class":"comment - item"}):
        com = comment.find("p").get_text()      #爬取段落 p
        print com.replace('\n',"").replace(" ,"")
```

完整代码如下:

test05_03. py

```
#  - * - coding: utf - 8 - * -
import urllib2
import re
from bs4 import BeautifulSoup


#爬取详细信息
def getInfo(url):
    content = urllib2.urlopen(url).read()
    soup = BeautifulSoup(content, "html.parser")
    #电影简介
    print u'电影简介:'
    info = soup.find(attrs = {"id":"info"})
    print info.get_text()
    other = soup.find(attrs = {"class":"related - info"}).get_text()
    print other.replace('\n',"").replace(" ,"")
    #评论
    print u'\n 评论信息:'
    for tag in soup.find_all(attrs = {"id":"hot - comments"}):
        for comment in tag.find_all(attrs = {"class":"comment - item"}):
            com = comment.find("p").get_text()
            print com.replace('\n',"").replace(" ,"")


#爬虫函数
def crawl(url):
    page = urllib2.urlopen(url)
    contents = page.read()
    soup = BeautifulSoup(contents, "html.parser")
    for tag in soup.find_all(attrs = {"class":"item"}):
        num = tag.find('em').get_text()
        print num
        #电影名称
        name = tag.find_all(attrs = {"class":"title"})
        zwname = name[0].get_text()
        print u'[中文名称]', zwname
```

```
＃网页链接
url_movie = tag.find(attrs = {"class":"hd"}).a
urls = url_movie.attrs['href']
print u'[网页链接]', urls
getInfo(urls)


＃主函数
if __name__ == '__main__':
    i = 0
    while i <1:
        print u'页码', (i + 1)
        num = i * 25
        url = 'https://movie.douban.com/top250? start = ' + str(num) + '&filter = '
        crawl(url)
        i = i + 1
    infofile.close()
```

其中,爬取的《霸王别姬》电影信息的输出结果如图 5.16 所示。

```
2
[中文名称] 霸王别姬
[网页链接] https://movie.douban.com/subject/1291546/
电影简介:

导演: 陈凯歌
编剧: 芦苇 / 李碧华
主演: 张国荣 / 张丰毅 / 巩俐 / 葛优 / 英达 / 蒋雯丽 / 吴大维 / 吕齐 / 雷汉 / 尹治 / 马明
威 / 费振翔 / 智一桐 / 李春 / 赵海龙 / 李丹 / 童弟 / 沈慧芬 / 黄斐
类型: 剧情 / 爱情 / 同性
制片国家/地区: 中国大陆 / 香港
语言: 汉语普通话
上映日期: 1993-01-01(香港)
片长: 171 分钟
又名: 再见, 我的妾 / Farewell My Concubine
IMDb链接: tt0106332

霸王别姬的剧情简介······    段小楼(张丰毅)与程蝶衣(张国荣)是一对打小一起长大的师兄弟,两
人一个演生, 一个饰旦, 一向配合天衣无缝,尤其一出《霸王别姬》,更是誉满京城, 为此, 两人约定合
演一辈子《霸王别姬》。但两人对戏剧与人生关系的理解有本质不同, 段小楼深知戏非人生, 程蝶衣则是
人戏不分。    段小楼在认为该成家立业之时迎娶了名妓菊仙(巩俐), 致使程蝶衣认定菊仙是可耻的第
三者, 使段小楼做了叛徒, 自此, 三人围绕一出《霸王别姬》生出的爱恨情仇战开始随着时代风云的变迁
不断升级, 终酿成悲剧。©豆瓣

评论信息:
如果拍完这部电影就死去, 陈凯歌就不朽了!!可惜他后来又拍了不少电影······
最优秀的中国电影
就凭这个, 我愿意原谅陈凯歌一切的烂片你只要伟大一次就可以了就凭这个哥哥你是我心中永远不朽的
传奇你是全世界最大的角儿
我料想它好, 可没想过居然这么好, 一部电影, 故事, 角色, 演员, 情感, 内涵, 光影, 剪辑的运用。
能有一方面做好便己经难得, 而它居然全部都做到了。对于这样一部电影居然没能得到奥斯卡最佳外语片
, 我只能说一真他妈瞎了你们的狗眼
程蝶衣, 和《海上钢琴师》的主角, 都是一类人。
```

图 5.16　爬取的《霸王别姬》电影信息

讲到这里,使用 BeautifulSoup 技术分析爬取豆瓣电影前 250 名电影信息的实例
已经讲解完毕,但在实际爬取过程中可能会由于某些页面不存在而导致爬虫停止,这

时需要使用异常语句"try-except-finally"进行处理。同时,爬取过程中需要结合自己所需数据进行定位节点,存储至本地文件中,也需要结合字符串处理过滤一些多余的空格或换行。

5.4　本章小结

在学习网络爬虫之前,首先要掌握分析网页节点、审查元素定位标签,甚至是翻页跳转、URL 分析等知识,然后才是通过 Python、Java 或 C♯实现爬虫的代码。本章结合作者多年的网络爬虫开发经验,深入讲解了 BeautifulSoup 技术网页分析并爬取了豆瓣电影信息,读者可以借用本章的分析方法,结合 BeautifulSoup 库爬取所需的网页信息,并学会分析网页跳转,尽可能爬取完整的数据集。

同时,本章所爬取的内容是存储至 TXT 文件中的,读者也可以尝试存储至 Excel、CSV、Json 文件中,甚至存储至数据库中,这将为后面的数据分析提供强大的数据支撑,使数据处理起来更加方便。

参考文献

[1] 佚名.豆瓣网[EB/OL].[2017-09-10].http://baike.baidu.com/item/豆瓣网/5549800? fromtitle=豆瓣&fromid=7803606.

[2] 佚名.BeautifulSoup 4.2.0 文档[EB/OL].[2017-08-26].https://www.crummy.com/software/BeautifulSoup/bs4/doc/index.zh.html.

第 6 章

Python 数据库知识

数据库(Database)是按照数据结构来组织、存储和管理数据的仓库。在数据库管理系统中,用户可以对数据进行新增、删除、更新、查询等操作,从而转变为用户所需要的各种数据,并进行灵活的管理。前面介绍的 Python 网络数据爬取所得到的语料通常采用 TXT 文本、Excel 或 CSV 格式进行存储,而本章将重点介绍 MySQL 数据库相关知识及 Python 操作 MySQL 的方法,介绍如何将爬取的数据存储到数据库中,从而更方便地进行数据分析和数据统计。

6.1 MySQL 数据库

数据库技术是信息管理系统、自动化办公系统、销售统计系统等各种信息系统的核心部分,是进行科学研究和决策管理的重要技术手段。常用的数据库包括 Oracle、DB2、MySQL、SQL Server、Sybase、VF 等。其中,MySQL 数据库具有性能优良、稳定性好、配置简单以及支持各种操作系统等优点。

6.1.1 MySQL 的安装与配置

首先打开 MySQL 下载页面,如图 6.1 所示。然后进行安装。图形化安装过程如下(若读者想学习 MySQL 数据库,这里推荐《深入浅出 MySQL》这本书):

① 双击 setup. exe,进入 Welcome to the Setup Wizard for MySQL Server 5.0 安装界面,如图 6.2 所示,单击 Next 按钮进行安装。

② 进入 Setup Type 界面,选择 MySQL 的安装类型,这里选择"Typical"类型,如图 6.3 所示。其中,Typical 表示安装常用的组件,默认安装到 C 盘"Program Files\MySQL"文件夹下,推荐读者选择该安装套件;Complete 表示安装所有的组件;Custom 表示根据用户自定义进行安装组件,可以更改默认的安装路径,此类型

图 6.1　MySQL 下载页面

图 6.2　Welcome to the Setup Wizard for MySQL Server 5.0 安装界面

更为灵活。

③ 单击 Next 按钮,弹出如图 6.4 所示的对话框,在该对话框中选择安装路径和 Developer Components 组件。

④ 在安装过程中通常选择默认选项,单击"Next"按钮进入下一步。同时,读者也可以根据自己的计算机环境及喜好进行配置。图 6.5 所示为选择手动精确配置

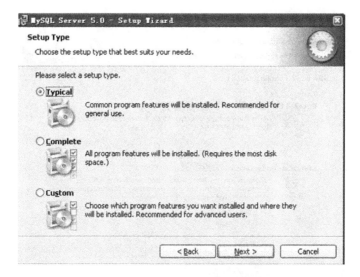

图 6.3　选择 MySQL 的安装类型

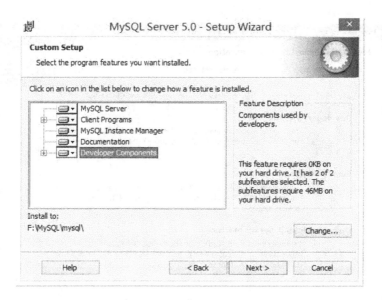

图 6.4　选择安装路径及组件

（Detailed Configuration）。

⑤ 单击 Next 按钮，在 MySQL 应用类型选择界面中提供了 3 种方式：

● Developer Machine（开发机），使用最小数量的内存。

● Server Machine（服务器），使用中等大小的内存。

● Dedicated MySQL Server Machine（专用服务器），当前可用的最大内存。

这里选择 Server Machine，如图 6.6 所示。

图 6.5 选择手动精确配置

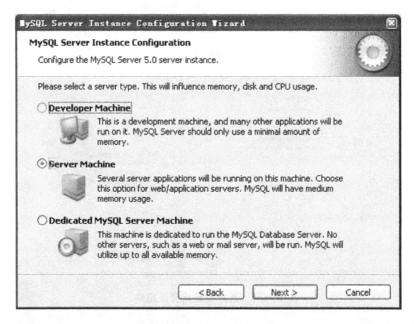

图 6.6 选择应用类型界面

⑥ 单击 Next 按钮,进入 MySQL 数据库用途选择界面(见图 6.7),这里选择 Multifunctional Database 单选按钮,它表示多功能数据库。此单选按钮对事务性和非事务性存储引擎的存取速度都很快。

⑦ 单击 Next 按钮,进入并发连接设置界面,这里选择 Decision Support(DSS)/ OLAP 单选按钮,它表示决策支持系统,设置数据库访问量连接数为"15"(默认),如

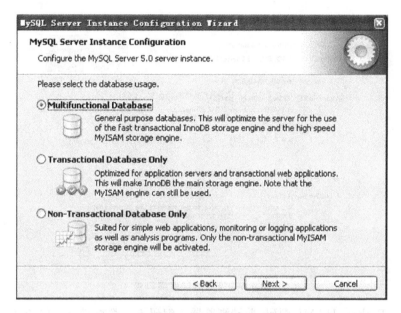

图 6.7　MySQL 数据库用途选择界面

图 6.8 所示。

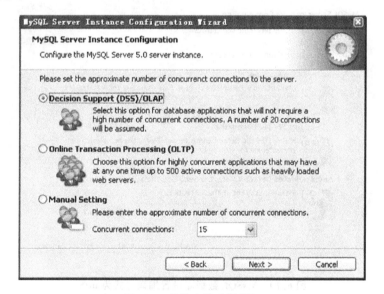

图 6.8　并发连接设置界面

⑧ 设置 MySQL 端口号为"3306"(默认),然后单击 Next 按钮,如图 6.9 所示。

⑨ 如图 6.10 所示,将"Character Set"设置为"utf8",设置编码方式为中文编码。注意,软件开发过程中的编码乱码问题是一个常见的典型问题,尤其是处理中文字符时,而其解决方法的核心思想是将所有开发环境的编码方式设置为一致,因此,通常

图 6.9 设置数据库端口号

将数据库、Python、HTML 源码、前端浏览器等编码方式都配置成 utf8 方式。

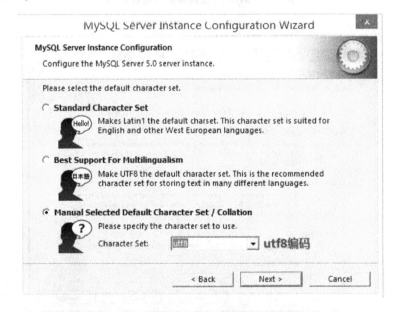

图 6.10 MySQL 数据库设置编码方式为 utf8

⑩ 单击 Next 按钮,进入 Windows 选项设置界面,再单击 Next 按钮进入安全选项配置界面,超级用户 root 的密码通常设置为"123456",如图 6.11 所示。

⑪ 单击 Next 按钮,进入准备执行界面,等待 MySQL 安装配置。当所有的单选按钮都被选中时表示 MySQL 安装成功,如图 6.12 所示。最后,单击 Finish 按钮完成全部安装。

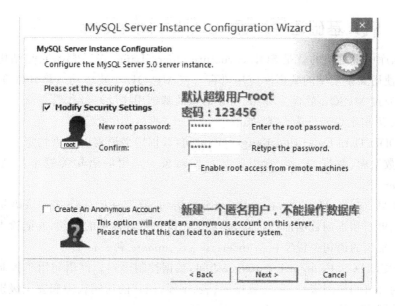

图 6.11　设置超级用户 root 的密码

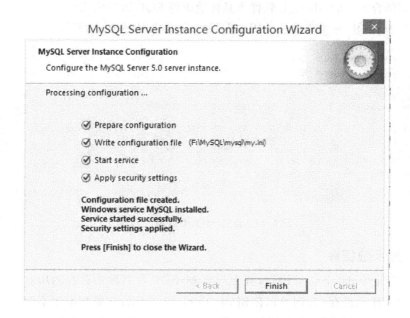

图 6.12　MySQL 安装成功界面

　　至此,MySQL 安装完成,Windows 系统的"所有程序"菜单中已经多了"MySQL 5.0"等选项。

6.1.2 SQL 基础语句详解

数据库中最重要的就是 SQL Structure Query Language 语句,它是结构化查询语言,是使用关系模型的数据库应用语言。在 MySQL 安装成功后将详细介绍 SQL 语句,并通过 MySQL 软件来介绍 SQL 语句的基础用法及对应代码。

SQL 语句主要划分为 3 类,如下:

① DDL(Data Definition Language)语句:数据定义语言。该语句定义不同的数据字段、数据库、数据表、列、索引等数据库对象。常用的语句关键字包括 create、drop、alter 等。

② DML(Data Manipulation Language)语句:数据库操作语句。该语句用于插入、删除、更新和查询数据库的记录,是数据库操作中最常用的语句,并能检查数据的完整性。常用的语句关键字包括 insert、delete、update 和 select。

③ DCL(Data Control Language)语句:数据控制语句。该语句用于控制不同数据字段的许可和访问级别,定义数据库、表、字段、用户的访问权限和安全级别。常用的语句关键字包括 grant、revoke 等。

下面结合安装的 MySQL 软件来具体地讲解 SQL 语句的用法。

运行 MySQL 并输入默认的用户密码"123456",如图 6.13 所示。

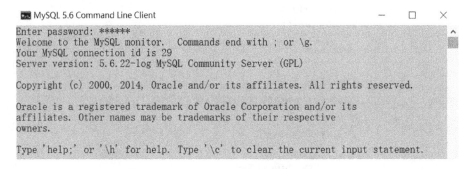

图 6.13 运行 MySQL 并输入密码

1. 显示数据库

输入"show databases"语句,查看当前 MySQL 数据库中存在的所有数据库,如果某个数据库已经存在,则可以使用 use 语句直接使用;如果数据库不存在,则需要使用 create 语句创建数据库(详见"3.创建数据库")。具体代码如下:

```
mysql> show databases;
+--------------------+
| Database           |
+--------------------+
| information_schema |
```

```
| mysql                   |
| performance_schema      |
| test                    |
| test01                  |
| yxz                     |
+-------------------------+
6 rows in set (0.03 sec)
```

2．使用数据库

如果想直接使用已经存在的数据库 test01，则直接使用如下语句：

```
mysql> use test01；
Database changed
```

3．创建数据库

如果想创建新的数据库，则使用 create 关键字创建。其基本语法如下：

```
create database　数据库名字
```

创建成功后，再调用 use 关键词选择该数据库进行使用，代码如下：

```
mysql> create database bookmanage；
Query OK，1 row affected (0.00 sec)

mysql> use bookmanage；
Database changed
```

图 6.14 所示为创建数据库"bookmanage"图书管理系统及选择数据库。

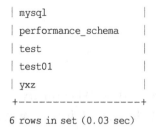

图 6.14　创建数据库和选择数据库

这里同样可以使用"show tables"语句来显示该数据库中所有存在的表，但是目前还没有表，故返回"Empty set"。

4．创建表

创建表的基本语法如下：

```
create table　表名（字段名 字段类型 约束条件…）
```

例如创建 books 图书表，该表包括图书编号 bookid、图书名称 bookname、价格 price 和图书日期 bookdate 字段。代码如下：

```
create table books(bookid int primary key,
                   bookname varchar(20),
                   price float,
                   bookdate date);
```

其中,创建的表名称为 books;图书编号为 int 类型,同时为主键(primary key),用于唯一标识表的字段;图书名称为 varchar 类型,长度为 20;价格为 float 类型;图书日期为 date 类型。

创建数据表如图 6.15 所示。

```
mysql> create table books(bookid int primary key,
    ->                    bookname varchar(20),
    ->                    price float,
    ->                    bookdate date);
Query OK, 0 rows affected (0.07 sec)
```

图 6.15 创建数据表

5. 查看表信息

如果想查看当前数据库中存在多少张表,则使用 show 关键字。代码如下:

```
mysql> show tables;
+-------------------+
| Tables_in_bookmanage |
+-------------------+
| books             |
+-------------------+
1 row in set (0.00 sec)
```

由上述代码可知,当前仅存在一张表 books。如果想查看该表的定义,则使用 desc 关键字。代码如下:

```
desc books;
```

运行结果如图 6.16 所示,显示了表 books 的详细信息。

desc 命令可以查看表的定义,但是如果想查看表的更全面的信息,则需要利用更深入的 SQL 语句,比如利用查看创建表的 SQL 语句,如图 6.17 所示。

6. 删除表

如果想要删除表 books,则使用 drop 关键词。代码如下:

```
drop table books;
```

7. 插入语句

当数据库和表创建成功后,需要向表中插入数据,使用的关键字是 insert。其基

```
mysql> desc books;
+----------+-------------+------+-----+---------+-------+
| Field    | Type        | Null | Key | Default | Extra |
+----------+-------------+------+-----+---------+-------+
| bookid   | int(11)     | NO   | PRI | NULL    |       |
| bookname | varchar(20) | YES  |     | NULL    |       |
| price    | float       | YES  |     | NULL    |       |
| bookdate | date        | YES  |     | NULL    |       |
+----------+-------------+------+-----+---------+-------+
4 rows in set (0.02 sec)
```

图 6.16　显示表 books 的详细信息

```
mysql> show create table books \G;
*************************** 1. row ***************************
       Table: books
Create Table: CREATE TABLE `books` (
  `bookid` int(11) NOT NULL,
  `bookname` varchar(20) DEFAULT NULL,
  `price` float DEFAULT NULL,
  `bookdate` date DEFAULT NULL,
  PRIMARY KEY (`bookid`)
) ENGINE=InnoDB DEFAULT CHARSET=utf8
1 row in set (0.00 sec)

ERROR:
No query specified
```

图 6.17　查看创建表的 SQL 语句

本语法如下：

insert into　表名(字段 1,字段 2,…) values(值 1,值 2,…)

比如向表 books 中插入信息,代码如下：

insert into books(bookid, bookname, price, bookdate)
　　　　values('1', '平凡的世界 ', '29.8', '2017 - 06 - 10');

使用 select 查询语句显示结果(详见"8. 查询语句"),如图 6.18 所示。后面将详细介绍 select 语句。

```
mysql> insert into books(bookid, bookname, price, bookdate)
    ->             values('1', '平凡的世界', '29.8', '2017-06-10');
Query OK, 1 row affected (0.01 sec)

mysql> select * from books;
+--------+-----------+-------+------------+
| bookid | bookname  | price | bookdate   |
+--------+-----------+-------+------------+
|      1 | 平凡的世界 |  29.8 | 2017-06-10 |
+--------+-----------+-------+------------+
1 row in set (0.00 sec)
```

图 6.18　插入数据及查询表信息

在执行 insert 语句的过程中,如果省略所有字段,则只需要 values 值一一对应即可。代码如下：

```
mysql> insert into books
    ->            values('2', '活着', '25.0', '2017 - 06 - 11');
```

如图 6.19 所示,插入第二本书《活着》后,查询显示的结果为两本书的详细信息。

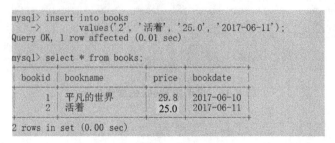

图 6.19 插入省略字段数据及查询结果

同理,如果只想插入某几个字段的数据,则只需要 values 值对应一致即可,比如图书编号和书名《钢铁是怎样炼成的》,代码如下:

```
mysql> insert into books(bookid, bookname)
    ->            values('3', '钢铁是怎样炼成的');
```

运行结果如图 6.20 所示。对于《钢铁是怎样炼成的》一书,由于价格(price)和日期(bookdate)字段省略了,所以显示结果为 NULL。

```
mysql> insert into books(bookid, bookname)
    ->            values('3', '钢铁是怎样炼成的');
Query OK, 1 row affected (0.01 sec)

mysql> select * from books;
+--------+------------------+-------+------------+
| bookid | bookname         | price | bookdate   |
+--------+------------------+-------+------------+
|      1 | 平凡的世界        | 29.8  | 2017-06-10 |
|      2 | 活着              | 25    | 2017-06-11 |
|      3 | 钢铁是怎样炼成的   | NULL  | NULL       |
+--------+------------------+-------+------------+
3 rows in set (0.00 sec)
```

图 6.20 插入某几个字段的数据及查询结果

8. 查询语句

查询语句的基本语法如下:

```
select 字段 from 表名 [where 条件]
```

该语句用于查询指定字段的数据,当字段为"＊"符号时,它用于查询表中的所有指令;where 紧跟着查询条件,该参数可以省略。最简单的查询语句如下所示,显示 books 表中的所有字段和数据。

```
mysql> select * from books;
    +--------+------------------+-------+------------+
```

```
| bookid | bookname           | price | bookdate     |
+--------+--------------------+-------+--------------+
|      1 | 平凡的世界          | 29.8  | 2017 - 06 - 10 |
|      2 | 活着               |   25  | 2017 - 06 - 11 |
|      3 | 钢铁是怎样炼成的     | NULL  | NULL         |
+--------+--------------------+-------+--------------+
3 rows in set (0.00 sec)
```

如果想显示需要的字段，则可以用逗号分隔，代码如下：

```
select bookid,bookname,price from books;
```

运行结果如图 6.21 所示，其中 bookdate 字段没有显示出来。

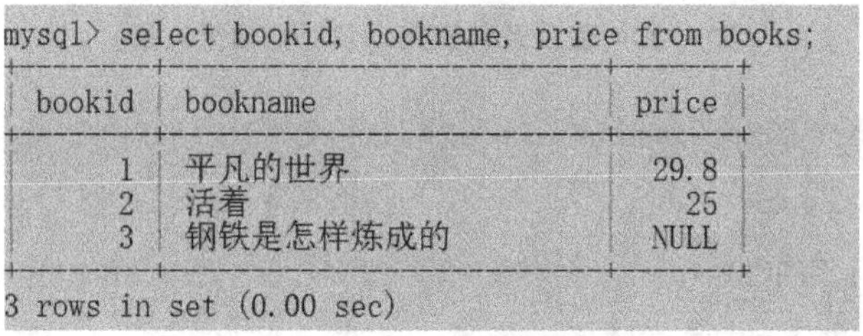

```
mysql> select bookid, bookname, price from books;
+--------+--------------------+-------+
| bookid | bookname           | price |
+--------+--------------------+-------+
|      1 | 平凡的世界          |  29.8 |
|      2 | 活着               |    25 |
|      3 | 钢铁是怎样炼成的     |  NULL |
+--------+--------------------+-------+
3 rows in set (0.00 sec)
```

图 6.21　只显示需要字段的运行结果

如果需要增加查询条件，则使用 where 语句。比如查询图书编号大于 1 的书，查询价格非空的书，代码如下：

```
select bookid,bookname,price,bookdate from books where bookid> 1;
select bookid,bookname,price,bookdate from books where price is not null;
```

运行结果如图 6.22 所示，第一条语句显示图书编号为 2 和 3 的结果，第二条语句显示价格不为空的结果。

更多的查询语句请读者自行学习，包括排序、group by 分组、子查询等。同时，本套书中的另一本书——《Python 网络数据爬取及分析从入门到精通(分析篇)》会结合实际应用进一步介绍数据库查询语句及可视化分析处理。

9. 更新语句

更新语句使用 update 关键字，基本语法如下：

```
update  表名 set  字段 = 新值 where  条件;
```

例如将《活着》更新为《朝花夕拾》，代码如下：

```
update books set bookname = '朝花夕拾' where bookname = '活着';
```

运行结果如图 6.23 所示，其中图书编号为 2 的信息进行了更新。

```
mysql> select bookid,bookname,price,bookdate from books where bookid>1;
+--------+----------------------+-------+------------+
| bookid | bookname             | price | bookdate   |
+--------+----------------------+-------+------------+
|      2 | 活着                 |    25 | 2017-06-11 |
|      3 | 钢铁是怎样炼成的     |  NULL | NULL       |
+--------+----------------------+-------+------------+
2 rows in set (0.01 sec)

mysql> select bookid,bookname,price,bookdate from books where price is not null;
+--------+------------+-------+------------+
| bookid | bookname   | price | bookdate   |
+--------+------------+-------+------------+
|      1 | 平凡的世界 |  29.8 | 2017-06-10 |
|      2 | 活着       |    25 | 2017-06-11 |
+--------+------------+-------+------------+
2 rows in set (0.00 sec)
```

图 6.22　使用条件查询语句时的运行结果

```
mysql> select * from books;
+--------+----------------------+-------+------------+
| bookid | bookname             | price | bookdate   |
+--------+----------------------+-------+------------+
|      1 | 平凡的世界           |  29.8 | 2017-06-10 |
|      2 | 活着                 |    25 | 2017-06-11 |
|      3 | 钢铁是怎样炼成的     |  NULL | NULL       |
+--------+----------------------+-------+------------+
3 rows in set (0.00 sec)

mysql> update books set bookname='朝花夕拾' where bookname='活着';
Query OK, 1 row affected (0.01 sec)
Rows matched: 1  Changed: 1  Warnings: 0

mysql> select * from books;
+--------+----------------------+-------+------------+
| bookid | bookname             | price | bookdate   |
+--------+----------------------+-------+------------+
|      1 | 平凡的世界           |  29.8 | 2017-06-10 |
|      2 | 朝花夕拾             |    25 | 2017-06-11 |
|      3 | 钢铁是怎样炼成的     |  NULL | NULL       |
+--------+----------------------+-------+------------+
3 rows in set (0.00 sec)
```

图 6.23　使用更新语句时的运行结果

10. 删除语句

删除语句使用 delete 关键字,基本语法如下:

delete from 表名 where 条件;

例如将价格为空的数据删除,使用的条件是"where price is null",代码如下:

delete from books where price is null;

运行结果如图 6.24 所示,可以看到图书编号为 3 的书已经被删除。

```
mysql> select * from books;
+--------+------------------+-------+------------+
| bookid | bookname         | price | bookdate   |
+--------+------------------+-------+------------+
|      1 | 平凡的世界       |  29.8 | 2017-06-10 |
|      2 | 朝花夕拾         |    25 | 2017-06-11 |
|      3 | 钢铁是怎样炼成的 |  NULL | NULL       |
+--------+------------------+-------+------------+
3 rows in set (0.00 sec)

mysql> delete from books where price is null;
Query OK, 1 row affected (0.01 sec)

mysql> select * from books;
+--------+------------+-------+------------+
| bookid | bookname   | price | bookdate   |
+--------+------------+-------+------------+
|      1 | 平凡的世界 |  29.8 | 2017-06-10 |
|      2 | 朝花夕拾   |    25 | 2017-06-11 |
+--------+------------+-------+------------+
2 rows in set (0.00 sec)
```

图 6.24　使用删除语句时的运行结果

至此,MySQL 数据库的基础知识就介绍完了,更多知识请读者自行学习。

6.2　Python 操作 MySQL 数据库

Python 访问数据库需要对应的接口程序,接口程序可以理解为 Python 的一个模块,它提供了数据库客户端的接口供您访问。本节主要介绍 Python 操作 MySQL 数据库,并详细讲解如何用 MySQLdb 扩展库操作数据库。

6.2.1　安装 MySQL 扩展库

在 Python 环境下安装 MySQL 扩展库有两种方法,如下:

① 利用"pip install mysql"安装 Python 的 MySQL 库,如图 6.25 所示。

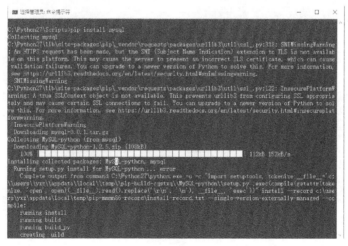

图 6.25　利用"pip install mysql"安装

但是使用该方法可能会出现一些错误,如"Microsoft Visual C++ 9.0 is required (Unable to find vcvarsall. bat)"或"_mysql. c(42):fatal error C1083:Cannot open include file:'config-win. h':No such file or directory"等。这些错误可能来自驱动等问题,可以通过安装一个 Micorsoft Visual C++ Compiler for Python 2.7 库来解决。

下 载 地 址:http://www. microsoft. com/en-us/download/details. aspx? id=44266。

② 从 Python 官网上下载安装文件。

下载地址为 https://pypi. python. org/pypi/MySQL-python/。假设已经下载了一个 MySQL-python-1. 2. 3. win-amd64-py2. 7. exe 文件,然后安装该 EXE 文件,安装过程如图 6.26 和图 6.27 所示。

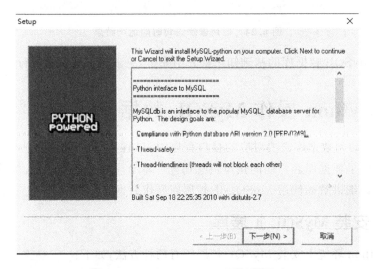

图 6.26 MySQL-python 安装过程(1)

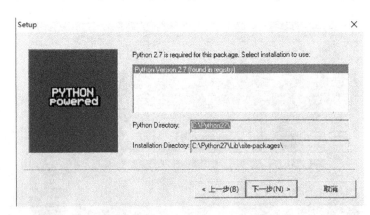

图 6.27 MySQL-python 安装过程(2)

6.2.2　程序接口 DB-API

Python 接口程序一定要遵守 Python DB-API 规范。DB-API 定义了一系列必需的操作对象和数据库存取方式，以便为各种各样的底层数据库系统和不同的数据库接口程序提供一致的访问接口。由于 DB-API 为不同的数据库提供一致的访问接口，这使其在不同的数据库之间移植代码成为一件轻松的事情。下面将简单介绍 DB-API 的使用方法。

1. 模块属性

DB-API 模块的定义如表 6.1 所列。

表 6.1　DB-API 模块

模　块	含　义
apilevel	模块兼容的 DB-API 版本号
threadsafety	线程安全级别
paramstyle	支持 SQL 语句参数风格
connect	连接数据库函数

Python 调用 MySQL 需要导入 MySQLdb 库，代码为“import MySQLdb”。

2. 连接数据库的函数

连接数据库的函数是 connect()函数，其生成一个 connect 对象，用于访问数据库。connect()函数的参数如表 6.2 所列。

表 6.2　connect()函数的参数

参　数	英文含义	中文解释
user	Username	数据库用户名
password	Password	数据库登录密码
host	Hostname	数据库主机名
database	DatabaseName	数据库名
port	Port	数据库端口号，默认 3306
dsn	Data source name	数据源名称

下面是 Python 导入 MySQLdb 扩展库，调用 connect()函数连接数据库的代码：

```
import MySQLdb
conn = MySQLdb.connect(host = 'localhost', db = 'test01', user = 'root', passwd = '123456', port = 3306, charset = 'utf8')
```

MySQLdb 扩展库的 connect 对象的常用方法如表 6.3 所列。

121

表 6.3　connect 对象的常用方法

方　　法	含　　义
close()	关闭数据库连接，或者关闭游标对象
commit()	提交当前事务
rollback()	取消当前事务，数据库中常称为回滚操作
cursor()	创建游标或类游标对象
errorhandler(cxn,errcls,errval)	作为已给游标的句柄

commit()、rollback()、cursor()方法对于支持事务（Transaction）的数据库更有意义。事务是指作为单个逻辑工作单元执行的一系列操作，要么完全执行，要么完全不执行，从而保证数据的完整性和安全性。

3. 游标对象

由上述内容可知，connect()方法用于提供连接数据库的接口，但是如果要对数据库操作则还需要使用游标对象。游标对象的属性和方法如表 6.4 所列。

表 6.4　数据库游标对象的属性和方法

方　　法	含　　义
fetchone()	取出(fetch)一个(one)值，即获取结果集的一行数据
fetchmany(size)	取出(fetch)多个(many)值，这里的参数 size 是界限，得到结果集的下几行
fetchall()	取出(fetch)所有(all)值
execute(sql)	执行数据库操作，参数为 SQL 语句
close()	关闭游标。当不需要游标时，尽可能地关闭它

6.2.3　Python 调用 MySQLdb 扩展库

在 6.1.2 小节中创建了数据库 bookmanage 和表 books，用于记录图书管理系统中的书籍信息，下面将介绍如何通过 Python 来显示。

1. 查询数据库名称

查看本地数据库中所包含的数据库名称需使用"show databases"语句，具体代码如 test06_01.py 所示。首先调用"MySQLdb.connect(host='localhost',user='root',passwd='123456',port=3306)"访问用户 root 的本地 MySQL 数据库，其默认密码为"123456"；然后调用 cur.execute('show databases')执行显示所有数据库名称的语句，返回结果通过循环获取，如图 6.28 所示。

```
6
information_schema
mysql
performance_schema
bookmanage
test
test01
>>>
```

图 6.28　查询数据库的返回结果

test06_01. py

```
import MySQLdb
try:
    conn = MySQLdb. connect(host = 'localhost',user = 'root',passwd = '123456',port = 3306)
    cur = conn. cursor()
    res = cur. execute('show databases')
    print res
    for data in cur. fetchall():
        print '% s' % data
    cur. close()
    conn. close()
except MySQLdb. Error,e:
    print "Mysql Error % d: % s" % (e. args[0], e. args[1])
```

如果本地数据库已经存在,而用户却忘记其数据库的名称,则用户可以通过该方法查询本地 MySQL 中所包含的所有数据库,然后再连接该数据库进行相关的操作。

2. 查询表

这里需要查询 bookmanage 数据库中表 books 的内容,代码如下:

test06_02. py

```
# coding:utf - 8
import MySQLdb

try:
    conn = MySQLdb. connect(host = 'localhost',user = 'root',passwd = '123456',
                            port = 3306, db = 'bookmanage', charset = 'utf8')
    cur = conn. cursor()
    res = cur. execute('select * from books')
    print u' 表中包含 ', res, u' 条数据\n'
    for data in cur. fetchall():
        print '% s % s % s % s' % data
    cur. close()
    conn. close()

except MySQLdb. Error,e:
    print "Mysql Error % d: % s" % (e. args[0], e. args[1])
```

首先通过 connect()函数连接数据库,通过 cursor()函数定义游标,然后调用游标的 excute('select * from books')执行数据库操作,此处为查询操作,再通过 fetchall()函数获取所有数据。其中,查询语句为"select * from books",查找 books 表中的所有数据,输出结果如下:

>>>
表中包含 2 条数据

1 平凡的世界 29.8 2017 - 06 - 10
2 朝花夕拾 25 2017 - 06 - 11
>>>

与对应的 MySQL 中的结果是一致的,如图 6.29 所示。

```
mysql> select * from books;
+--------+------------------+-------+------------+
| bookid | bookname         | price | bookdate   |
+--------+------------------+-------+------------+
|      1 | 平凡的世界        |  29.8 | 2017-06-10 |
|      2 | 朝花夕拾          |    25 | 2017-06-11 |
+--------+------------------+-------+------------+
2 rows in set (0.00 sec)
```

图 6.29 查询表数据

3. 新建表

下面创建一张学生表,主要是调用 commit()函数提交数据,执行 create table 语句,代码如下:

test06_03. py

```python
# coding:utf - 8
import MySQLdb


try:
    conn = MySQLdb.connect(host = 'localhost',user = 'root',passwd = '123456',
                           port = 3306, db = 'bookmanage', charset = 'utf8')
    cur = conn.cursor()
    sql = "'create table student(id int not null primary key auto_increment,
                                 name char(30) not null,
                                 sex char(20) not null
            )"'
    cur.execute(sql)
    # 查看表
    print u'插入后包含表:'
    cur.execute('show tables')
    for data in cur.fetchall():
        print '% s' % data
    cur.close()
    conn.commit()
    conn.close()
```

```
except MySQLdb.Error,e:
    print "Mysql Error %d: %s" % (e.args[0], e.args[1])
```

输出结果如下,包括表 books 和表 student,其中,表 student 包括序号、姓名和性别。

```
>>>
插入后包含表:
books
student
>>>
```

4. 插入数据

插入数据也是先定义好 SQL 语句,然后调用 execute()函数来实现。核心代码如下:

```
cur.execute("insert into student values( '3', 'xiaoyang', '男')")
```

通常插入的新数据需要通过变量进行赋值,其值不是固定的,如 test06_04.py 文件所示。

test06_04.py

```
# coding:utf-8
import MySQLdb

try:
    conn = MySQLdb.connect(host = 'localhost',user = 'root',passwd = '123456',
                        port = 3306, db = 'bookmanage', charset = 'utf8')
    cur = conn.cursor()

    #插入数据
    sql = "'insert into student values( %s, %s, %s)"'
    cur.execute(sql, ('3', 'xiaoyang', '男'))

    #查看数据
    print u'\n插入数据:'
    cur.execute('select * from student')
    for data in cur.fetchall():
        print '%s %s %s' % data
    cur.close()
    conn.commit()
    conn.close()
except MySQLdb.Error,e:
    print "Mysql Error %d: %s" % (e.args[0], e.args[1])
```

输出结果如下：

```
>>>
插入数据：
3 xiaoyang  男
>>>
```

这里只介绍了几种常见的数据库操作，其他 SQL 语句类似，请读者自行学习。

6.3 Python 操作 SQLite 3 数据库

SQLite 是一款轻型数据库，是一种遵守事务 ACID 性质的关系型数据库管理系统，它占用的资源非常低，能够支持 Windows/Linux/Unix 等主流操作系统，同时能够与很多程序语言如 C♯、PHP、Java、Python 等结合使用。

SQLite 3 可使用 SQLite 3 模块与 Python 进行集成。SQLite 3 模块是由 Gerhard Haring 编写的，它提供了一个与 DB-API 2.0 规范兼容的 SQL 接口。用户可以直接使用 SQLite 3 模块，因为 Python 2.5.x 以上版本都默认自带该模块。

SQLite 3 的使用方法与前面介绍的 MySQLdb 库类似，首先必须创建一个表示数据库的连接对象，然后有选择地创建光标对象，再定义 SQL 语句执行，最后关闭对象和连接。SQLite 3 的常用方法如表 6.5 所列。

表 6.5 SQLite 3 的常用方法

模　块	含　义
sqlite3.connect(…)	打开一个到 SQLite 数据库文件 database 的连接
connection.cursor()	创建一个 cursor，将在 Python 数据库编程中用到
cursor.execute(sql)	执行一个 SQL 语句，注意 SQL 语句可以被参数化
cursor.executescript(sql)	一旦接收到脚本，就会执行多个 SQL 语句。SQL 语句应用分号分隔
connection.commit()	提交当前的事务
connection.rollback()	回滚至上一次调用 commit() 对数据库所做的更改
connection.close()	关闭数据库连接
cursor.fetchone()	获取查询结果集中的下一行，返回一个单一的序列，当没有更多可用的数据时返回 None
cursor.fetchmany()	获取查询结果集中的下一行组数据，返回一个列表
cursor.fetchall()	获取查询结果集中所有的数据行，返回一个列表

下面介绍的是 Python 操作 SQLite 3 的基础用法，其语法基本与前面讲述的 MySQLdb 库类似，主要内容包括：

① 在本地创建一个 test6.db 的数据库文件。

② 执行游标中的 execute()函数,创建表 PEOPLE,包括的字段有序号、姓名、年龄、公司和薪水,字段涉及各种数据类型。

③ 执行插入数据操作,注意需要调用 conn.commit()函数。

④ 执行查询操作,SQL 语句为""SELECT id,name,age,company,salary from PEOPLE"",然后通过 for 循环获取查询的结果,显示"小杨""小颜""小红"的信息。

⑤ 执行更新操作并查询数据结果,将序号为"2"的公司信息更改为"华为"。

⑥ 执行删除操作,删除公司名称为"华为"的数据,最后剩下"小红"的信息。

具体代码如下:

test06_05.py

```
# - * - coding:utf - 8 - * -
import sqlite3

#连接数据库:如果数据库不存在则创建
conn = sqlite3.connect('test6.db')
cur = conn.cursor()
print u'数据库创建成功.\n'

#创建表 PEOPLE(序号,姓名,年龄,公司,薪水)
cur.execute('''CREATE TABLE PEOPLE
            (ID INT PRIMARY KEY     NOT NULL,
            NAME          TEXT      NOT NULL,
            AGE           INT       NOT NULL,
            COMPANY       CHAR(50),
            SALARY        REAL);
        ''')
print u"PEOPLE 表创建成功.\n"
conn.commit()

#插入数据
cur.execute("INSERT INTO PEOPLE (ID,NAME,AGE,COMPANY,SALARY) \
        VALUES (1,'小杨',26,'华为',10000.00 )");
cur.execute("INSERT INTO PEOPLE (ID,NAME,AGE,COMPANY,SALARY) \
        VALUES (2,'小颜',26,'百度',8800.00 )");
cur.execute("INSERT INTO PEOPLE (ID,NAME,AGE,COMPANY,SALARY) \
        VALUES (3,'小红',28,'腾讯',9800.00 )");
conn.commit()
print u"数据插入成功.\n"

#查询操作
cursor = cur.execute("SELECT id,name,age,company,salary  from PEOPLE")
print u"数据查询成功."
print u"序号",u"姓名",u"年龄",u"公司",u"薪水"
```

```
for row in cursor:
    print row[0], row[1], row[2], row[3], row[4]
print "
```

\#更新操作
```
cur.execute("UPDATE PEOPLE set COMPANY = '华为' where ID = 2")
conn.commit()
print u"数据更新成功."
cursor = cur.execute("SELECT id, name, company from PEOPLE")
for row in cursor:
    print row[0], row[1], row[2]
print "
```

\#删除操作
```
cur.execute("DELETE from PEOPLE where COMPANY = '华为';")
conn.commit()
print u"数据删除成功."
cursor = cur.execute("SELECT id, name, company from PEOPLE")
for row in cursor:
    print row[0], row[1], row[2]
print "
```

\#关闭连接
```
conn.close()
```

输出结果如图 6.30 所示。

```
>>>
数据库创建成功.

PEOPLE表创建成功.

数据插入成功.

数据查询成功.
序号 姓名 年龄 公司 薪水
1 小杨 26 华为 10000.0
2 小颜 26 百度 8800.0
3 小红 28 腾讯 9800.0

数据更新成功.
1 小杨 华为
2 小颜 华为
3 小红 腾讯

数据删除成功.
3 小红 腾讯

>>>
```

图 6.30　输出结果

更多有关数据库的实际操作将在后续章节详细介绍,同时推荐读者深入研究 Python 操作数据库的知识,包括事务、存储过程触发器等内容。

6.4　本章小结

数据库是按照数据结构来组织、存储和管理数据的仓库,用户可以通过数据库来存储和管理所需的数据,包括简单的数据表格、海量数据等。数据库被广泛应用于各行各业,比如信息管理系统、办公自动化系统、各种云信息平台等。本章为什么要介绍 Python 操作数据库知识呢? 一方面,数据爬取、数据存储、数据分析、数据可视化是密不可分的 4 部分,当爬取了相关数据后,需要将其存储至数据库中,这能够更加标准化、智能化、自动化、便捷地管理数据,也为后续的数据分析提供强大的技术支持,能够自定义提取所需数据块进行分析;另一方面,数据库为实现数据共享、实现数据集中控制、保证数据的一致性和可维性提供保障。所以,学习 Python 操作数据库是非常必要的。

参考文献

[1] 佚名. SQLite-Python［EB/OL］.［2017-09-23］. http://www.runoob.com/sqlite/sqlite-python.html.

第7章

基于数据库存储的 **BeautifulSoup** 招聘爬虫

本章主要讲述一个基于数据库存储的 BeautifulSoup 爬虫,用于爬取某网站的招聘信息,对数据进行增删改查等各种操作,同时为数据分析提供强大的技术保障,从而可以更加灵活地为用户提供所需数据。

7.1　知识图谱和智联招聘

随着"Big Data"和"互联网＋"时代的到来,各种数量庞大、种类繁多的信息呈爆炸式增长,而且此类信息实时性强、结构化程度差,同时具有复杂的关联性。因此,如何从海量数据中快速精确地寻找用户所需的信息就变得尤为困难。在此背景下,通过自动化和智能化的搜索技术来帮助人们从互联网中获取所需的信息就变得尤为重要。知识图谱(Knowledge Graph,KG)应运而生,它是一种通过理解用户的查询意图,返回令用户满意的搜索结果而提出的新型网络搜索引擎。

目前广泛使用的搜索引擎包括谷歌、百度和搜狗等,此类引擎的核心搜索流程如下:

首先,用户向搜索引擎中输入查询词;

其次,搜索引擎在后台计算系统中检索与查询词相关的网页,通过内容相似性比较和链接分析对检索的网页进行排序;

最后,依次返回排序后的相关结果。

但是,由于在信息检索过程中没有对查询词和返回的网页进行"理解",也没有对网页内容进行深层次的分析和相关网页的关系挖掘,所以搜索准确性存在明显的缺陷。例如,当搜索"姚明的女儿是谁"或"姚明的身高是多少"时,传统的搜索引擎只能返回一些包含"姚明"和"女儿"或"姚明"和"身高"两个关键词的网页,而不能返回准确的结果。

现在为了提升搜索引擎的准确性和理解用户查询的真实意图,企业界提出了新一代的搜索引擎或知识计算引擎,即知识图谱。知识图谱旨在从多个来源不同的网站、在线百科和知识库中获取描述真实世界的各种实体、概念、属性和属性值,并构建实体之间的关系以及融合属性和属性值,采用图的形式存储这些实体和关系信息。当用户查询相关信息时,知识图谱可以提供更加准确的搜索结果,并真正理解用户的查询需求,对智能搜索有着重要的意义。

知识图谱构建过程中需要从互联网中爬取海量的数据,包括百科数据、万维网广义搜索数据、面向主题的网站定向搜索数据等。比如,当我们需要构建一个与招聘就业相关的知识图谱时,我们就需要爬取常见的招聘网站,例如智联招聘、大街网、前程无忧等,如图 7.1 所示。

图 7.1　招聘网站

智联招聘(Zhaopin)创建于 1997 年,是一家面向大型公司和快速发展的中小企业提供一站式专业人力资源服务的公司,包括网络招聘、报纸招聘、校园招聘、猎头服务、招聘外包、企业培训以及人才测评等。图 7.2 所示是智联招聘网站的首页。

图 7.2　智联招聘网站的首页

接下来将介绍如何爬取智联招聘网站发布的招聘信息,并存储至本地 MySQL 数据库中。

7.2　用 BeautifulSoup 爬取招聘信息

Python 调用 BeautifulSoup 扩展库爬取智联招聘网站的核心步骤如下:

① 分析网页超链接的搜索规则,并探索分页查找的跳转方法;

② 分析网页 DOM 树结构,定位并分析所需信息的 HTML 源码;

③ 利用 Navicat for MySQL 工具创建智联招聘网站对应的数据库和表;

④ Python 调用 BeautifulSoup 爬取数据并操作 MySQL 数据库将数据存储至本地。

7.2.1　分析网页超链接及跳转处理

如图 7.3 所示,智联招聘网站中的"职位搜索"页面中包含一系列可供选择的选项,如"职位类别""行业类别""发布时间""职位""工作地点"等。

图 7.3　智联招聘网站中的"职位搜索"页面

在"行业类别"下拉列表框中选择"计算机软件",在"职位"文本框中输入"Java",在"工作地点"文本框中输入"贵阳",搜索"贵阳计算机软件行业、Java 职位"返回的结果如图 7.4 所示。返回以多条职位信息的列表形式显示,包括职位名称、反馈率、公司名称、职位月薪、工作地点和发布日期;搜索对应的超链接 URL 为 http://sou.zhaopin.com/jobs/searchresult.ashx? in=160400&jl=贵阳 &kw=JAVA&sm=0&p=1&source=0。该超链接包含多个参数,采用"&"符号进行连接。其中,"in=

160400"表示"行业类别"选择"计算机软件";"jl＝贵阳"表示"工作地点"选择"贵阳";"kw＝JAVA"表示"职位"关键字(Key Word)选择"Java";"p＝1"表示页码(Page)为第一页。

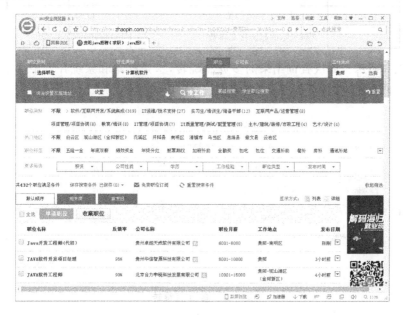

图 7.4　职位搜索返回的结果

注意:部分选项是可以多选的,比如"行业类别"选择"计算机软件"和"计算机硬件",则对应超链接的参数为"n＝160400％3B160200",其中,"％3B"在 URL 中表示特殊符号分号。由于有些符号在 URL 中是不能直接传递的,所以需要使用其编码才能在 URL 中传递,编码格式为"％"加字符的 ASCII 码,即"％"后面跟对应字符 ASCII 码的十六进制形式。常见特殊符号如表 7.1 所列。

表 7.1　URL 中的常见特殊符号

特殊符号	URL 中特殊符号的含义	URL 编码	ASCII 码
空格(Space)	URL 中空格连接参数,也可用"＋"连接	％20	32
♯	表示书签	％23	35
％	指定特殊字符	％25	37
＆	URL 中参数间的分隔符	％26	38
'	URL 中的单引号	％27	39
＋	URL 中"＋"表示空格	％2B	43
—	URL 中的减号	％2D	45
/	用于分隔目录和子目录	％2F	47

续表 7.1

特殊符号	URL 中特殊符号的含义	URL 编码	ASCII 码
;	URL 中多个参数传递的分隔符	％3B	91
=	URL 中指定参数的值	％3D	93
?	分隔实际的超链接和参数	％3F	95

图 7.5 所示为此次查询结果的多页面跳转,这是网站和系统开发中非常经典和常用的一种技术,跳转页面通常位于网页的底部。

图 7.5 多页面跳转

那么,网络爬虫是如何实现多页面跳转的数据分析的呢? 作者将多页面跳转的爬取方法简单归纳为 3 种,如下:

① 通过分析网页的超链接找到翻页跳转对应 URL 参数的规律,再使用 Python 拼接动态变化的 URL,对不同的页面分别进行访问及数据爬取。本章采用的就是该方法。比如网址"http://sou. zhaopin. com/jobs/searchresult. ashx? in＝160400&jl＝贵阳 &kw＝JAVA&sm＝0&p＝15&source＝0",它返回的是第 15 页(p＝15)的招聘信息,那么定义循环来爬取 1～15 页的数据即可。

② 如果网页采用 POST 方法进行访问,没有在 URL 中指明跳转的参数,则需要分析网页跳转链接对应的源码。图 7.6 所示是对跳转页面进行审查元素反馈的结果,爬取跳转链接后再通过爬虫访问对应的 URL 及爬取数据。

③ 部分网页可以采取 Selenium 等自动定位技术,通过分析网页的 DOM 树结构,动态定位网页跳转的链接或按钮。比如调用 find_element_by_xpath() 函数定位网页跳转按钮,然后操作鼠标控件自动点击,从而跳转到对应页面,详见第 8 章相关内容。

例如,利用 BeautifulSoup 技术爬取智联招聘信息就是采用分析网页超链接 URL 的方法实现的,核心代码如下:

```
i = 1
while i <= n:
```

```
url = 'http://sou. zhaopin. com/jobs/searchresult. ashx? in = 160400&
    jl = 贵阳 &kw = java&p = ' + str(i) + '&isadv = 0'
crawl(url)
```

图 7.6　对跳转页面进行审查元素

首先通过字符串拼接访问不同页码的 URL,然后调用 crawl(url)函数循环爬取。其中,crawl()函数用于爬取 url 中的指定内容。

7.2.2　DOM 树节点分析及网页爬取

接下来需要对智联招聘网站进行具体的 DOM 树节点分析,并详细讲述利用 BeautifulSoup 技术定位节点及爬取的方法。

在图 7.2 中任意选中一条职位搜索返回的数据,然后右击,在弹出的快捷菜单中选择"审查元素",则可以看到每行职位信息在 HTML 中都是一个 <table> 和 </table> 标签之间的内容,其中 <table> 的 class 属性对应值为"newlist",如图 7.7 所示。对应的 HTML 的部分核心代码如下:

```
<table cellpadding = "0" cellspacing = "0" width = "853" class = "newlist">
    <tbody>
    <tr>
        <td class = "zwmc" style = "width: 250px;"> … </td>
        <td style = "width: 60px;" class = "fk_lv"> … </td>
        <td class = "gsmc"> … </td>
        <td class = "zwyx"> 3000 – 5000 </td>
        <td class = "gzdd"> 贵阳 </td>
        <td class = "gxsj"> … </td>
    </tr>
    <tr style = "display: none" class = "newlist_tr_detail"> … </tr>
    </tbody>
</table>
<table cellpadding = "0" cellspacing = "0" width = "853" class = "newlist"> … </table>
<table cellpadding = "0" cellspacing = "0" width = "853" class = "newlist"> … </table>
<table cellpadding = "0" cellspacing = "0" width = "853" class = "newlist"> … </table>
```

图 7.7 页面列表对应的 HTML 源码

此时,需要定位多个 table 表格。调用 find_all() 函数获取 class 属性为"newlist"的节点,然后通过 for 循环依次获取 table 表格,核心代码如下:

```
for tag in soup.find_all(attrs = {"class":"newlist"}):
```

定位到每块招聘内容后,再爬取具体的内容,如职位名称、公司名称、职位月薪、工作地点、发布日期等,并将这些信息赋值给变量,存储至本地 MySQL 数据库中。其中,获取职位名称和薪资信息的代码如下:

```
zwmc = tag.find(attrs = {"class":"zwmc"}).get_text()
xz = tag.find_all('td', {"class":"zwyx"})
print zwmc, xz
```

前面已经定位到 class 属性为"newlist"的标签下,然后调用 find() 函数获取 class 属性为"zwmc"的节点,即"tag.find(attrs={"class":"zwmc"})",再调用 get_text() 函数获取其值;而定位薪资情况采用的方法是"tag.find_all('td', {"class":"zwyx"})",定位 td 标签,并且其 calss 属性为"zwyx"。同理,可以定位其他节点的属性。

在定义网络爬虫时,通常需要将一些详情页面的超链接存储至本地,比如图 7.8 中的"贵州枸酱酒业股份有限公司"对应的超链接。

在 BeautifulSoup 技术中,可以通过 get('href') 函数获取超链接对应的 URL。这里首先通过 tag.find(attrs={"class":"zwmc"}) 函数获取 class 属性为"zwmc"的职位名称,再调用 find_all("a") 函数获取该节点下所有跳转的超链接,得到形如"<a> xxx </a>"的超链接 URL,最后调用 get('href') 函数获取"href="http://

```
▼<table cellpadding="0" cellspacing="0" width="853" class="newlist">
  ▼<tbody>
    ▼<tr>
      ▶<td class="zwmc" style="width: 250px;">…</td>
      ▶<td style="width: 60px;" class="fk_lv">…</td>
      ▼<td class="gsmc">
          <a href="http://company.zhaopin.com/CC559987528.htm" target=
          "_blank">贵州枸酱酒业股份有限公司</a>
        </td>
        <td class="zwyx">4000-8000</td>
        <td class="gzdd">贵阳-观山湖区（金阳新区）</td>
      ▼<td class="gxsj">
          <span>04-21</span>
          <a class="newlist_list_xlbtn" href="javascript:;"></a>
        </td>
      </tr>
    ▶<tr style="display: none" class="newlist_tr_detail">…</tr>
    </tbody>
  </table>
```

图 7.8　页面 HTML 源码

company. zhaopin. com/CC559987528. htm""值中的 URL。代码如下：

```
url_info = tag.find(attrs = {"class":"zwmc"}).find_all("a")
for u in url_info:
    zwlj = u.get('href')
    print zwlj
```

至此，如何调用 BeautifulSoup 技术分析智联招聘网站的信息、定位节点及爬取所需知识已经讲解完毕。

7.3　Navicat for MySQL 工具操作数据库

本节将结合实际应用，将 7.2 节爬取的智联招聘网站关于"贵阳 Java 软件工程师"的信息存储至本地 MySQL 数据库中。Navicat for MySQL 是一套管理和开发 MySQL 的理想解决方案，它支持单一程序，可直接连接到 MySQL 数据库。Navicat for MySQL 为数据库管理、开发和维护提供了直观而强大的图形界面，给 MySQL 新手以及专业人士提供了全面管理数据库的强大工具，以方便其操作数据库。下面将详细介绍该工具的作用方法。

7.3.1　连接数据库

安装 Navicat for MySQL 软件并运行，其主界面如图 7.9 所示。

单击"连接"按钮，弹出"连接"对话框（见图 7.10），在该对话框中输入相关信息，如主机名或 IP 地址等。如果是本地数据库，则在"主机名或 IP 地址"文本框中输入

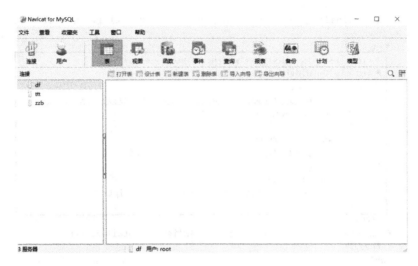

图 7.9　Navicat for MySQL 软件主界面

"localhost";在"端口"文本框中输入"3306";"用户名"和"密码"分别为本地 MySQL
数据库对应值,"用户名"默认为"root","密码"默认为"123456";连接名为用户自定
义的,这里为"database07"。如果是远程服务器,则输入相应的远程 IP 地址、对应的
端口号、用户名和密码等。

图 7.10　"连接"对话框

　　然后单击"连接测试"或"确定"按钮,当本地连接创建成功后,双击"database07"连
接,可以看到本地已经创建的数据库,如图 7.11 所示。这时双击第 6 章已经创建好的
"bookmanage"图书管理数据库,可以看到该数据库共包括两张表,即"books"和

"student"。这里我们查看了表 books 的信息，共包含《平凡的世界》和《朝花夕拾》两本书。这是不是比前面章节介绍的 MySQL 更为直观和方便？

图 7.11　查看本地数据库的界面

7.3.2　创建数据库

利用 Navicat for MySQL 新建数据库有两种方法：第一种方法是右击"database07"，在弹出的快捷菜单中选择"新建数据库"，如图 7.12 所示。

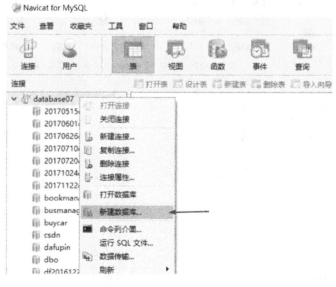

图 7.12　选择"新建数据库"

　　然后在弹出的"新建数据库"对话框中输入数据库名、字符集和排序规则，这里将"数据库名"设置为"test07"，将"字符集"设置为"utf--UTF－8 Unicode"，将"排序规则"设置为"utf8_unicode_ci"，如图 7.13 所示。

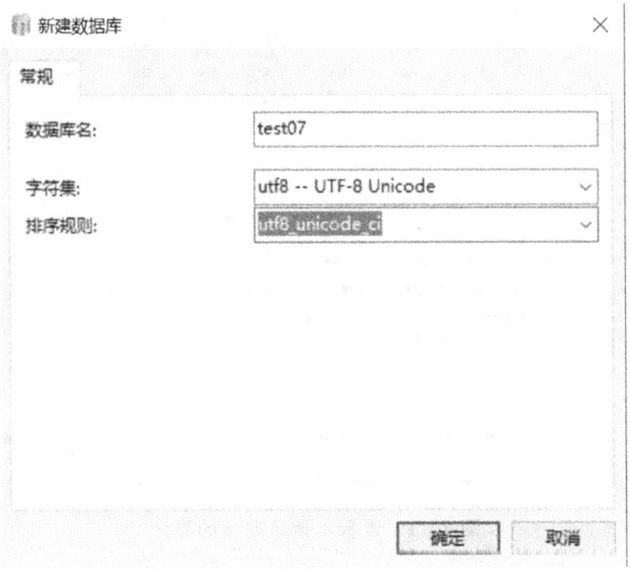

图 7.13　设置新建数据库的信息

　　单击"确定"按钮，本地 MySQL 数据库就创建成功了，如图 7.14 所示。

图 7.14　数据库创建成功

第二种方法是通过 SQL 语句创建数据库,即执行"create database test07"语句,在本地创建"test07"数据库。读者可以根据自己的情况选择创建方法。

目前已经创建"test07"数据库,但是该数据库没有表,接下来将讲解如何利用 Navicat for MySQL 软件创建数据库的表。

7.3.3　创建表

利用 Navicat for MySQL 软件创建表有两种方法,如图 7.15 所示,可以单击任务栏中的"新建表"按钮进行创建,也可以右击空白处,在弹出的快捷菜单中选择"新建表"来创建新的表。

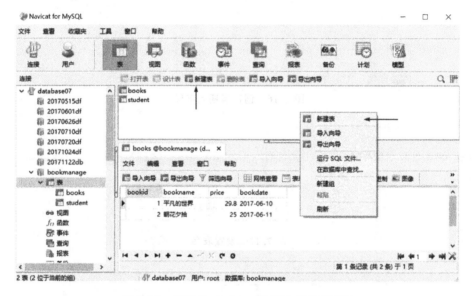

图 7.15　利用 Navicat for MySQL 软件创建表

假设新建表为 T_USER_INFO,单击"添加栏位"按钮向表中插入相应字段,插入的字段包括:ID(序号)、USERNAME(用户名)、PWD(密码)、DW_NAME(单位名称),如图 7.16 所示;同时,还可以设置主键、非空属性、添加注释等。

设置完后单击"保存"按钮,并在"输入表名"文本框中输入该表的名称"T_USER_INFO",如图 7.17 所示。此时数据库的一张表就创建成功了。

同时,任务栏中还有"索引""外键""触发器"等可以设置,请读者自行研究。如果想修改已创建表的信息,则可以通过图 7.18 所示的方法进行操作。选中 T_USER_INFO 表然后右击,在弹出的快捷菜单中选择"设计表"可以对表结构进行修改,选择"删除表"可以删除当前表,选择"清空表"可以清空表中的所有数据,选择"导出向导"可以导出表中所有数据等。

当表创建好后,单击"打开表"按钮可以查看当前表所包含的数据,如图 7.19 所示。因为该表目前没有数据,所以显示为空。

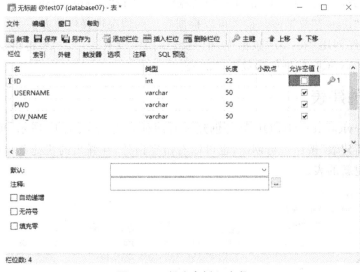

图 7.16　创建表插入字段

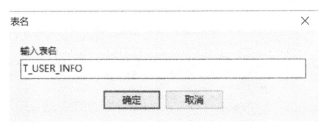

图 7.17　设置表名

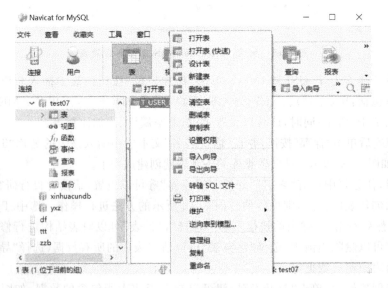

图 7.18　修改表结构

图 7.19　查看表中数据

7.3.4　数据库增删改查操作

下面将结合 SQL 语句和 Navicat for MySQL 软件对数据库的增删改查操作进行讲解。SQL 语句支持的常用命令包括：

- 数据定义语言（DDL）：create、alter、drop。
- 数据操纵语言（DML）：insert、delete、update、select。
- 数据控制语言（DCL）：grant、revoke。
- 事务控制语言（TCL）：commit、savepoint、rollback。

1. 插入操作

在表 T_USER_INFO 中插入一行数据，代码如下：

```
INSERT INTO T_USER_INFO
(ID,USERNAME,PWD,DW_NAME)
VALUES('1',? 'Eastmount',? '123456','信息学院');
```

单击"查询"按钮后，再单击"新建查询"按钮，如图 7.20 所示，在弹出的对话框中就可以进行 SQL 语句操作。比如，输入前面的插入数据 SQL 语句，其运行结果如图 7.21 所示，单击"运行"按钮，数据库中自动插入一行数据。此时，双击表 T_US-ER_INFO 就可以看到已经插入的一行数据，如图 7.22 所示。

图 7.20　查询界面

图 7.21　插入数据

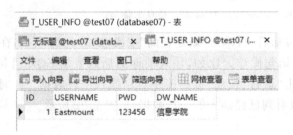

图 7.22　显示新插入的数据

2. 更新操作

将表 T_USER_INFO 中 ID 为 "0" 的数据更新,代码如下:

```
UPDATE T_USER_INFO SET USERNAME = '杨秀璋',PWD = '0000',DW_NAME = '软件学院'
WHERE ID = '1';
```

MySQL 数据库更新运行结果如图 7.23 所示,将 "Eastmount" 更新为 "杨秀璋",同时更新了其他相关信息。

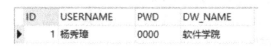

图 7.23　更新操作

3. 查询操作

查询表 T_USER_INFO 中 USERNAME 为 "杨秀璋" 的信息,代码如下:

```
SELECT * FROM T_USER_INFO WHERE USERNAME = '杨秀璋';
```

单击 "运行" 按钮后的查询结果如图 7.24 所示。

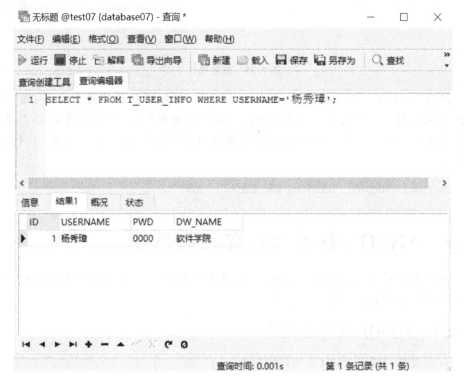

图 7.24　查询操作

145

4. 删除操作

删除表 T_USER_INFO 中 ID 为"0"的信息,代码如下:

```
DELETE T_USER_INFO WHERE ID = '1';
```

运行结果如图 7.25 所示。

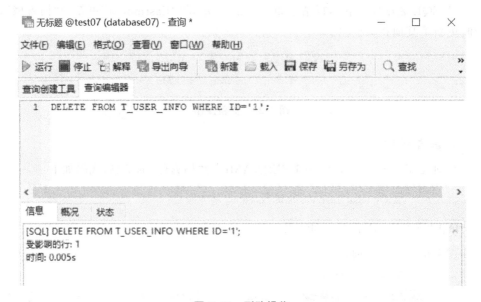

图 7.25 删除操作

注意:在数据库实际操作中,会结合 SQL 语句和编程语言进行操作,通常将 SQL 语句赋值给一个变量。建议将 SQL 语句中多余的空格、换行都删除,否则很容易出现各种各样的错误。例如删除 SQL 语句中某个指定 ID 的数据行的示例代码如下:

```
Stringsql = "delete T_USER_INFO where ID = '" + ID + "'";
```

7.4 MySQL 数据库存储招聘信息

下面讲述 Python 调用 BeautifulSoup 爬取智联招聘信息,并将该信息存储至本地 MySQL 数据库的过程及完整代码。

7.4.1 MySQL 操作数据库

首先需要创建表,SQL 语句代码如下:

```
CREATE TABLE `eastmount_zlzp`(
  `ID` int(11) NOT NULL AUTO_INCREMENT,
```

```
        `zwmc` varchar(100) COLLATE utf8_bin DEFAULT NULL COMMENT '职位名称',
        `gsmc` varchar(50) COLLATE utf8_bin DEFAULT NULL COMMENT '公司名称',
        `zwyx` varchar(50) COLLATE utf8_bin DEFAULT NULL COMMENT '职位月薪',
        `gzdd` varchar(50) COLLATE utf8_bin DEFAULT NULL COMMENT '工作地点',
        `gxsj` varchar(50) COLLATE utf8_bin DEFAULT NULL COMMENT '发布时间',
        `zwlj` varchar(50) COLLATE utf8_bin DEFAULT NULL COMMENT '职位链接',
        `info` varchar(200) COLLATE utf8_bin DEFAULT NULL COMMENT '详情',
        PRIMARY KEY (`ID`)
    ) ENGINE = InnoDB AUTO_INCREMENT = 1 DEFAULT CHARSET = utf8 COLLATE = utf8_bin;
```

　　结果如图 7.26 所示,表名为"eastmount_zlzp",字段包括 ID(编号)、zwmc(职位名称)、gsmc(公司名称)、zwyx(职位月薪)、gzdd(工作地点)、gxsj(发布时间)、zwlj(职位链接)和 info(详情),同时将 ID 设置为主键、自增类型。

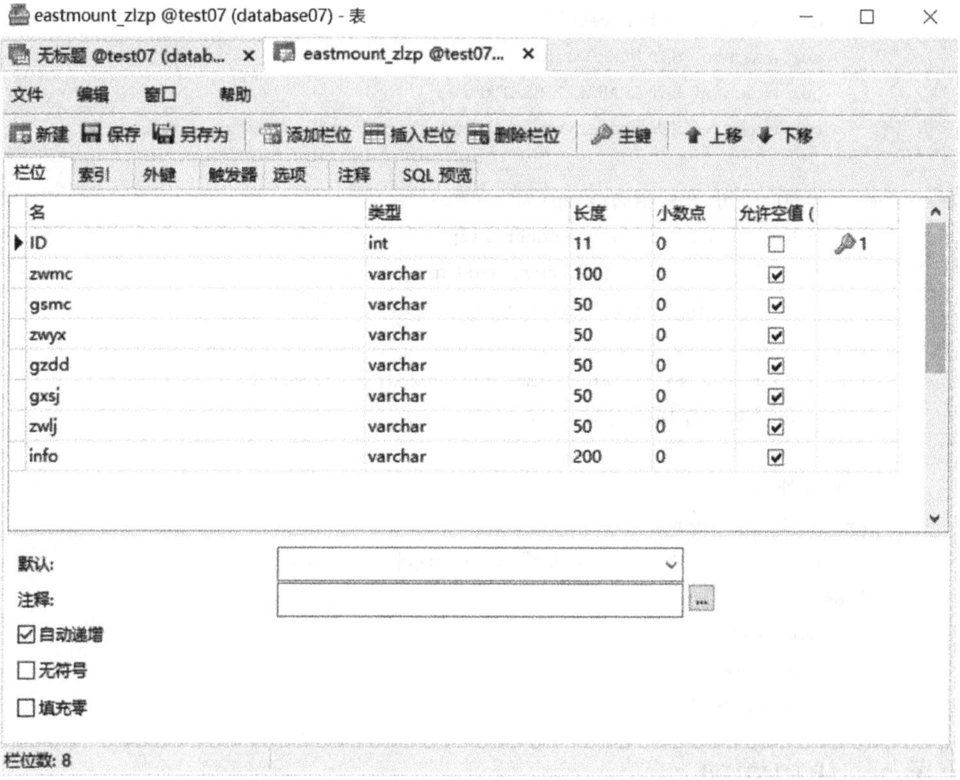

图 7.26　数据库结构

　　如果要将上述插入数据的 SQL 语句应用到 Python 代码中,那该如何实现呢?下述代码就实现了该功能,将"'insert into eastmount_zlzp(zwmc,gsmc,zwyx,gzdd,gxsj,zwlj) values(%s,%s,%s,%s,%s,%s)"语句赋值给 sql 变量,再调用 MySQLdb 扩展库中的函数进行数据库插入操作。

test07_01. py

```
# coding:utf - 8
import MySQLdb


#存储数据库
#参数:职位名称 公司名称 职位月薪 工作地点 发布时间 职位链接
def DatabaseInfo(zwmc, gsmc, zwyx, gzdd, gxsj, zwlj):
    try:
        conn = MySQLdb.connect(host = 'localhost',user = 'root',
                               passwd = '123456',port = 3306, db = 'test07')
        cur = conn.cursor() #数据库游标

        #设置编码公式
        conn.set_character_set('utf8')
        cur.execute('SET NAMES utf8;')
        cur.execute('SET CHARACTER SET utf8;')
        cur.execute('SET character_set_connection = utf8;')

        #SQL语句 智联招聘(zlzp)
        sql = '''insert into eastmount_zlzp
                    (zwmc,gsmc,zwyx,gzdd,gxsj,zwlj)
                   values(%s, %s, %s, %s, %s, %s)'''

        cur.execute(sql, (zwmc, gsmc, zwyx, gzdd, gxsj, zwlj))
        print '数据库插入成功'

    #异常处理
    except MySQLdb.Error,e:
        print "Mysql Error %d: %s" % (e.args[0], e.args[1])
    finally:
        cur.close()
        conn.commit()
        conn.close()
```

7.4.2　代码实现

　　test07_02. py 给出的是使用 BeautifulSoup 技术爬取智联招聘信息并存储至本地 MySQL 数据库的完整代码。

test07_02. py

```
# - * - coding: utf - 8 - * -
```

```
import re
importos
import urllib2
importcodecs
importMySQLdb
from bs4 importBeautifulSoup


#存储数据库
#参数:职位名称 公司名称 职位月薪 工作地点 发布时间 职位链接
defDatabaseInfo(zwmc, gsmc, zwyx, gzdd, gxsj, zwlj):
    try:
        conn = MySQLdb.connect(host = 'localhost',user = 'root',
                            passwd = '123456',port = 3306, db = 'test07')
        cur = conn.cursor()  #数据库游标

        #设置编码方式
        conn.set_character_set('utf8')
        cur.execute('SET NAMES utf8;')
        cur.execute('SET CHARACTER SET utf8;')
        cur.execute('SET character_set_connection = utf8;')

        #SQL 语句 智联招聘(zlzp)
        sql = '''insert into eastmount_zlzp
                    (zwmc,gsmc,zwyx,gzdd,gxsj,zwlj)
                values( % s, % s, % s, % s, % s, % s)'''

        cur.execute(sql, (zwmc, gsmc, zwyx, gzdd, gxsj, zwlj))
        print '数据库插入成功'

    #异常处理
    exceptMySQLdb.Error,e:
        print "Mysql Error % d: % s" % (e.args[0], e.args[1])
    finally:
        cur.close()
        conn.commit()
        conn.close()


#爬虫函数
def crawl(url):
    page = urllib2.urlopen(url)
    contents = page.read()
    soup = BeautifulSoup(contents, "html.parser")
```

149

```
print u' 贵阳 JAVA 招聘信息 : 职位名称 \t 公司名称 \t 职位月薪 \t 工作地点 \t 发布日期 \n'
infofile.write(u" 贵阳 JAVA 招聘信息 : 职位名称 \t 公司名称 \t 职位月薪 \t 工作地点 \t
发布日期   \r\n")
    print u' 爬取信息如下 :\n'


i = 0
for tag insoup.find_all(attrs = {"class":"newlist"}):
    i = i + 1
    # 职位名称
    zwmc = tag.find(attrs = {"class":"zwmc"}).get_text()
    zwmc = zwmc.replace('\n','')
    printzwmc
    # 职位链接
    url_info = tag.find(attrs = {"class":"zwmc"}).find_all("a")
    for u inurl_info:
        zwlj = u.get('href')
        printzwlj
    # 公司名称
    gsmc = tag.find(attrs = {"class":"gsmc"}).get_text()
    gsmc = gsmc.replace('\n','')
    printgsmc
    # find 是另一种定位方法  <td class = "zwyx"> 8000 - 16000 </td>
    zz = tag.find_all('td', {"class":"zwyx"})
    printzz
    # 职位月薪
    zwyx = tag.find(attrs = {"class":"zwyx"}).get_text()
    zwyx = zwyx.replace('\n','')
    printzwyx
    # 工作地点
    gzdd = tag.find(attrs = {"class":"gzdd"}).get_text()
    gzdd = gzdd.replace('\n','')
    printgzdd
    # 发布时间
    gxsj = tag.find(attrs = {"class":"gxsj"}).get_text()
    gxsj = gxsj.replace('\n','')
    printgxsj


    # 获取日期不为空则写入文件
    ifgxsj and gxsj! = u" 发布日期 ":
        print u' 存入文件 '
        infofile.write(u"[ 职位名称 ]" + zwmc + "\r\n")
        infofile.write(u"[ 公司名称 ]" + gsmc + "\r\n")
```

```
                    infofile.write(u"[职位月薪]" + zwyx + "\r\n")
                    infofile.write(u"[工作地点]" + gzdd + "\r\n")
                    infofile.write(u"[发布时间]" + gxsj + "\r\n")
                    infofile.write(u"[职位链接]" + zwlj + "\r\n\r\n")
                else:
                    print u'日期为空', gxsj


                #重点:写入 MySQL 数据库
                ifgxsj and gxsj! = u"发布日期":
                    print u'写入数据库操作'
                    DatabaseInfo(zwmc, gsmc, zwyx, gzdd, gxsj, zwlj)
                print '\n\n'


        else:
            print u'爬取职位总数', i


#主函数
if __name__ == '__main__':
    infofile = codecs.open("Result_ZP.txt", 'a', 'utf-8')
    #翻页执行 crawl(url)爬虫
    i = 1
    whilei <= 2:
        print u'页码', i
        url = 'http://sou.zhaopin.com/jobs/searchresult.ashx? in = 160400&jl = 贵阳
        &kw = java&p = ' + str(i) + '&isadv = 0'
        crawl(url)
        infofile.write("############################\r\n\r\n\r\n")
        i = i + 1
    infofile.close()
```

代码主要包括 3 个函数：

① main 函数：循环获取第 1 页、第 2 页招聘信息的 URL，并调用 crawl()函数爬取。

② crawl 函数：通过 BeautifulSoup 定位并爬取招聘信息，然后存储至 TXT 文件。

③ DatabaseInfo 函数：调用 MySQLdb 库，将爬取数据存储至本地 MySQL 数据库中。

其中，Python 爬虫运行过程中的截图如图 7.27 所示。

将爬取的招聘信息存储至本地 MySQL 数据库，如图 7.28 所示，显示了 18 条招聘信息。比如，第一条职位是"初级 Java 程序员实习生"，工资是"3000-5000"，工作地点是"贵阳"，同时 zwlj 字段存储了该职位的链接地址。

图 7.27 Python 运行结果

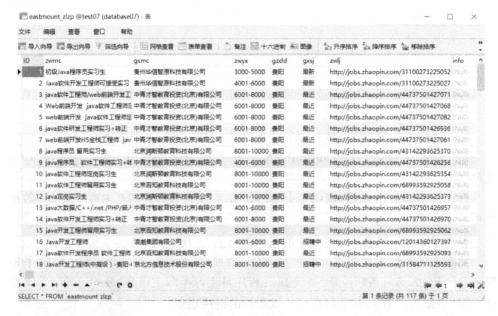

图 7.28 爬取结果

同时,代码中定义了文件操作,将爬取的数据集一并存储至本地 Result_ZP. txt 文件中,其中 3 条招聘信息如图 7.29 所示。

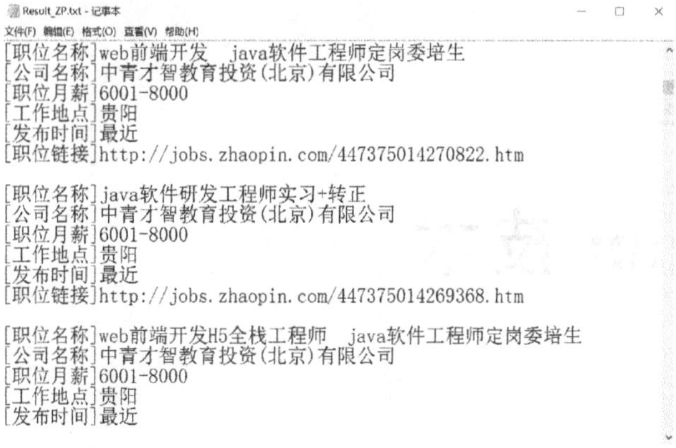
Result_ZP.txt - 记事本
文件(F) 编辑(E) 格式(O) 查看(V) 帮助(H)
[职位名称]web前端开发　java软件工程师定岗委培生
[公司名称]中青才智教育投资(北京)有限公司
[职位月薪]6001-8000
[工作地点]贵阳
[发布时间]最近
[职位链接]http://jobs.zhaopin.com/447375014270822.htm

[职位名称]java软件研发工程师实习+转正
[公司名称]中青才智教育投资(北京)有限公司
[职位月薪]6001-8000
[工作地点]贵阳
[发布时间]最近
[职位链接]http://jobs.zhaopin.com/447375014269368.htm

[职位名称]web前端开发H5全栈工程师　java软件工程师定岗委培生
[公司名称]中青才智教育投资(北京)有限公司
[职位月薪]6001-8000
[工作地点]贵阳
[发布时间]最近

图 7.29　存储至本地 Result_ZP. txt 文件中

至此,一个完整的使用 BeautifulSoup 技术爬取智联招聘信息并存储至本地 MySQL 数据库的实例已经讲完。通过数据库,用户可以对数据进行增删改查等各种操作,非常适合于海量数据爬取和数据分析操作。希望读者结合该章节内容能够自行爬取自己所需的数据集并存储至本地数据库。

7.5　本章小结

前面章节分别讲述了 BeautifulSoup 技术和 Python 操作数据库,本章通过一个利用 BeautifulSoup 技术爬取招聘信息的实例贯穿了所有的知识点,将爬取的内容存储至本地 MySQL 数据库,希望能给您以启发。同时需要注意:一是要熟练操作 Navicat for MySQL 软件,它是将数据库信息以可视化界面呈现给读者的软件,被广泛应用于数据库中;二是要进一步熟悉网页爬取的分析方法以及定位节点的方法;三是在爬取中文文本信息时,要学会解决中文编码问题,使中文数据正确存储及显示。

参考文献

[1] 佚名. Navicat for MySQL[EB/OL]. [2017-10-07]. https://baike.baidu.com/item/Navicat for MySQL.

第8章

Selenium 技术

Selenium 是一款用于测试 Web 应用程序的经典工具，它直接运行在浏览器中，仿佛真正的用户在操作浏览器一样，主要用于网站自动化测试、网站模拟登录、自动操作键盘和鼠标、测试浏览器兼容性、测试网站功能等，同时也可以用于制作简易的网络爬虫。本章主要介绍 Selenium Python API 技术，它以一种非常直观的方式来访问 Selenium WebDriver 的所有功能，包括定位元素、自动操作键盘鼠标、提交页面表单、抓取所需信息等。

8.1 初识 Selenium

Selenium 是 Thought Works 公司专门为 Web 应用程序编写的一个验收测试工具，它提供的 API 支持多种语言，包括 Python、Java、C♯等，本章主要介绍 Python 环境下的 Selenium 技术。Python 语言提供了 Selenium 扩展库，它是使用 Selenium WebDriver（网页驱动）来编写功能、验证测试的一个 API 接口。通过 Selenium Python API，读者能够以一种直观的方式来访问 Selenium WebDriver 的所有功能。Selenium Python 支持多种浏览器，诸如 Chrome、火狐、IE、360 等浏览器，也支持 PhantomJS 特殊的无界面浏览器引擎。

类似于 BeautifulSoup 技术，Selenium 制作的爬虫也是先分析网页的 HTML 源码和 DOM 树结构，再通过其所提供的方法定位到所需信息的结点位置，并获取其文本内容。这里推荐读者阅读 Selenium Python Bindings 官网提供的 *Selenium With Python Bindings* 开源技术文档，如图 8.1 所示，本书也是在汲取了该文档中精彩知识的基础上，结合作者的理解和爬虫实例进行介绍的。下面从 Selenium 安装、浏览器驱动安装、PhantomJS 三个方面进行介绍。

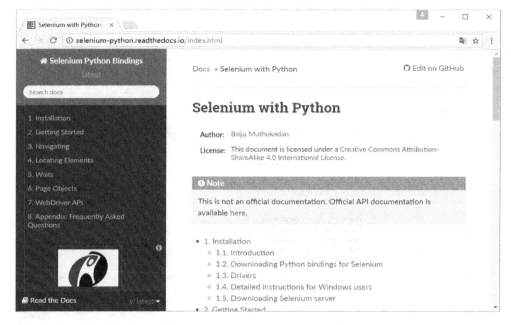

图 8.1　Selenium Python Bindings 官网

8.1.1　安装 Selenium

　　读者可以通过访问 PyPI(Python Package Index)网站下载 Selenium 扩展库(见图 8.2),目前提供的版本是 Selenium 3.4.3,对应的网址为 https://pypi.python.org/pypi/selenium。单击 Downloads 按钮下载该 Selenium 扩展库并解压后,可在解压目录下执行下面的命令进行安装:

```
C:\selenium\selenium3.4.3> python3 setup.py install
```

　　PyPI(Python Package Index)是 Python 官方第三方库的仓库,所有人都可以下载第三方库或上传自己开发的库到 PyPI。

　　另外,作者推荐大家使用 pip 工具来安装 Selenium 库,PyPI 官方也推荐使用 pip 库管理器来下载第三方库。其中,Python 3.6 标准库中自带 pip,Python 2.x 则需要单独安装。由于本书主要采用 Python 2.7 进行编写,故读者需要参考 4.1.2 小节来了解 pip 工具的安装过程及基础用法。安装好 pip 工具后,可直接调用命令来安装 Selenium:

```
pip install selenium
```

　　利用 pip 工具安装 Selenium 的过程如图 8.3 所示。

　　安装过程中会显示安装配置相关库的百分比,直到出现"Successfully installed selenium-2.47.1"提示,表示安装成功,如图 8.4 所示。

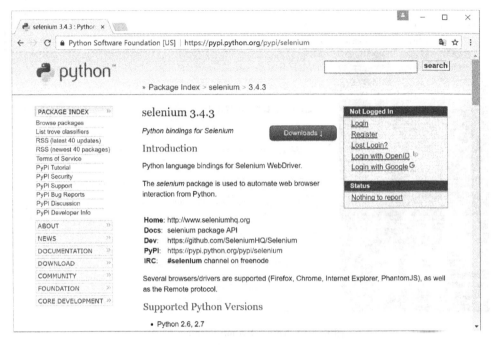

图 8.2　通过访问 PyPI 网站下载 Selenium 扩展包

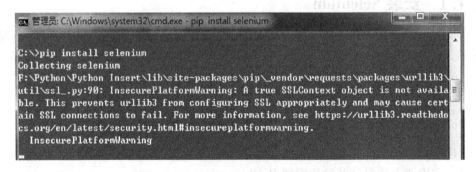

图 8.3　利用 pip 工具安装 Selenium

　　Selenium 安装成功后,接下来需要调用浏览器进行定位或爬取信息,而使用浏览器时需要先安装浏览器驱动。作者推荐使用 Firefox 浏览器、Chrome 浏览器或 PhantomJS 浏览器,下面将结合实例来讲解这 3 种浏览器驱动的配置过程。

8.1.2　安装浏览器驱动

　　表 8.1 所列为部分浏览器驱动的下载地址。

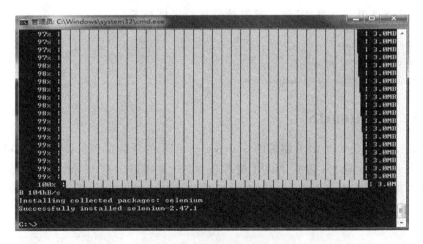

图 8.4　Selenium 安装成功

表 8.1　部分浏览器驱动的下载地址

浏览器	驱动下载地址
Chrome	https：//sites. google. com/a/chromium. org/chromedriver/downloads
Firefox	https：//github. com/mozilla/geckodriver/releases
Edge	https：//developer. microsoft. com/en-us/microsoft-edge/tools/webdriver/
Safari	https：//webkit. org/blog/6900/webdriver-support-in-safari-10/
IE	https：//www. nuget. org/packages/Selenium. WebDriver. IEDriver/

注意：驱动下载并解压后，将 chromedriver. exe、geckodriver. exe、Iedriver. exe 置于 Python 的安装目录下，例如 Python 的安装目录为"C：\python"，则将驱动文件放置于该目录下；然后将 Python 的安装目录添加到系统环境变量路径（Path）中。打开 Python IDLE，然后输入不同的代码启动不同的浏览器。例如：

① Firefox 浏览器。加载 Firefox 浏览器驱动的核心代码如下：

```
from selenium import webdriver
driver = webdriver.Firefox()
driver.get('http：//www.baidu.com/')
```

② Chrome 浏览器。加载 Chroms 浏览器驱动的核心代码如下，其中，驱动置于 Chrome 浏览器目录下。

```
import os
from selenium import webdriver
chromedriver = "C:\Program Files (x86)\Google\Chrome\Application\chromedriver.exe"
os.environ["webdriver.chrome.driver"] = chromedriver
browser = webdriver.Chrome(chromedriver)
browser.get('http：//www.baidu.com/')
```

③ IE 浏览器。加载 IE 浏览器驱动的核心代码如下：

```
from selenium import webdriver
browser = webdriver.Ie()
browser.get('http://www.baidu.com/')
```

8.1.3 PhantomJS

PhantomJS 是一个服务器端的 JavaScript API 的开源的浏览器引擎（WebKit），它支持各种 Web 标准，包括 DOM 树分析、CSS 选择器、JSON 和 SVG 等。PhantomJS 常用于页面自动化、网络监测、网页截屏以及无界面测试等。从 http://phantomjs.org/网站上下载 PhantomJS 并解压后如图 8.5 所示。

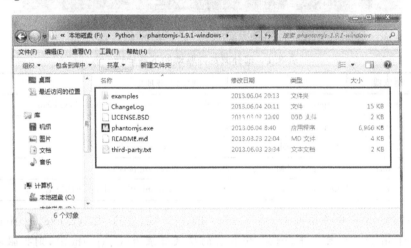

图 8.5　PhantomJS 软件

调用时如果报错"Unable to start phantomjs with ghostdriver"，则需要设置 PhantomJS 的路径，或者配置到 Scripts 目录环境下。

当 Selenium 安装成功且 PhantomJS 下载并配置好后，其调用方法的代码如 test08_01.py 文件所示。其中，executable_path 参数用于设置 PhantomJS 的路径。

test08_01.py

```
from selenium import webdriver
driver = webdriver.PhantomJS(executable_path = "F:\phantomjs-1.9.1-windows\phantomjs.exe")
driver.get("http://www.baidu.com")
data = driver.title
print data
```

test08_01.py 文件中代码的含义如下：

① 导入 Selenium. webdriver 扩展库,其提供了 webdriver 实现方法;

② 创建 driver 实例,调用 webdriver. PhantomJS 方法配置路径;

③ 通过 driver. get("http://www. baidu. com")打开百度网页,webdriver 会等待网页元素加载完成后才把控制权交回脚本;

④ 获取文章标题并赋值给 data 变量输出,其值为"百度一下,你就知道"。

运行结果如图 8.6 所示。

图 8.6　PhantomJS 的运行过程

注意:webdriver 中提供的 save_screenshot()函数可以对网页进行截图,代码如下:

```
from selenium import webdriver
driver = webdriver.PhantomJS(executable_path = "F:\phantomjs - 1.9.1 - windows\phan-
                                tomjs.exe")
driver.get("http://www.baidu.com")
data = driver.title
driver.save_screenshot('csdn.png')
print data
```

8.2　快速开始 Selenium 解析

网页通常采用文档对象模型树结构进行存储,并且这些节点都是成对出现的,如"\<html>"对应"\</html>"、"\<table>"对应"\</table>"、"\<div>"对应"\</div>"等。Selenium 技术通过定位节点的特定属性,如 class、id、name 等,可以确定当前节点的

位置,然后再获取相关网页的信息。test08_02.py 文件中的代码实现的功能是定位
百度搜索框并进行自动搜索,可以将其作为我们的快速入门代码。

test08_02.py

```
# - * - coding:utf-8 - * -
import time
from selenium import webdriver
from selenium.webdriver.common.keys import Keys

driver = webdriver.Firefox()
driver.get("http://www.baidu.com")
assert "百度" in driver.title
print driver.title
elem = driver.find_element_by_name("wd")
elem.send_keys(u"数据分析")
elem.send_keys(Keys.RETURN)

time.sleep(10)
driver.save_screenshot('baidu.png')
driver.close()
driver.quit()
```

运行结果如图 8.7 所示,调用 Firefox 浏览器并搜索"数据分析"关键词,最后对
浏览的网页进行截图操作。

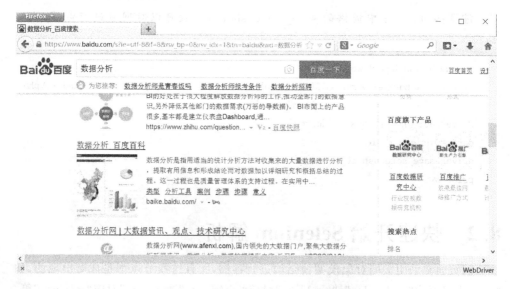

图 8.7 Firefox 浏览器自动搜索结果

下面对 test08_02.py 中的代码进行详细讲解。

- "from selenium import webdriver"：导入 Selenium.webdriver 模板。该模板提供了 webdriver 的实现方法，目前支持这些方法的浏览器有 Firefox、Chrome、IE 和 Remote 等。
- "from selenium.webdriver.common.keys import Keys"：导入 Keys 类。其提供了操作键盘的快捷键，如回车键、空格键、Ctrl 键等操作。
- "driver = webdriver.Firefox()"：创建 Firefoxwebdriver 实例，定义 Firefox 浏览器驱动，其他浏览器如 Chrome 可能还需要设置驱动参数和配置路径。
- "driver.get("http://www.baidu.com")"：通过 driver.get() 函数打开百度 URL 网页，webdriver 会在网页元素加载完成后才把控制权交回脚本。
- "assert"百度" in driver.title"：使用断言（assert）判断文章的标题 title 是否包含"百度"字段。对应爬取的标题是"百度一下，你就知道"，标题中包括"百度"，若不包括则会出现断言报错。断言主要用于判断结果是否成功返回，从而更好地执行下一步定位操作。
- "elem = driver.find_element_by_name("wd")"：webdriver 提供了很多形如 "find_element_by_*"的方法来匹配要查找的元素。比如，利用 name 属性来查找的方法是 find_element_by_name。这里通过该方法来定位百度输入文本框，即审查元素 name 为"wd"的节点。

图 8.8 所示是百度首页审查元素的反馈结果，其中输入文本框 input 元素对应的属性 name 为"kw"，所以定位其节点的代码为"driver.find_element_by_id("kw")"。

- "elem.send_keys(u"数据分析")"：send_keys() 方法可以用来模拟键盘操

图 8.8　百度首页审查元素的反馈结果

作，相当于是在搜索框中输入"数据分析"字段。

- "elem. send_keys(Keys. RETURN)"：send_keys()函数输入回车键进行操作，其中，Keys 类提供了常见的键盘按键，如 Keys. RETURN 表示回车键。但在引用 Keys 类及其方法之前需要先导入 Keys 类，即使用"from selenium. webdriver. common. keys import. keys"代码导入。
- "driver. save_screenshot('baidu. png')"：调用 save_screenshot()函数进行截图，并将截图保存至本地，名称为"baidu. png"。
- "driver. close()"：调用 close()方法关闭驱动。
- "driver. quit()"：调用 quit()方法退出驱动。quit()方法和 close()方法的区别在于：quit()方法会退出浏览器，而 close()方法只是关闭页面，但如果只有一个页面被打开，则 close()方法同样会退出浏览器。

8.3　定位元素

Selenium Python 提供了一种用于定位元素（Locate Element）的策略，用户可以根据所爬取网页的 HTML 结构选择最适合的方案。表 8.2 所列是 Selenium 提供的各种方法。当定位多个元素时，只需将方法"element"加"s"，这些元素将会以一个列表的形式返回。

表 8.2　Selenium 元素定位的方法

定位单个元素的方法	定位多个元素的方法	方法的含义
find_element_by_id	find_elements_by_id	通过 id 属性定位元素
find_element_by_name	find_elements_by_name	通过 name 属性定位元素
find_element_by_xpath	find_elements_by_xpath	通过 XPath 路径定位元素
find_element_by_link_text	find_elements_by_link_text	通过显示文本定位元素
find_element_by_partial_link_text	find_elements_by_partial_link_text	通过超链接文本定位元素
find_element_by_tag_name	find_elements_by_tag_name	通过标签名定位元素
find_element_by_class_name	find_elements_by_class_name	通过类属性名定位元素
find_element_by_css_selector	find_elements_by_css_selector	通过 CSS 选择器定位元素

本节将结合下面的 HTML 代码分别介绍各种元素的定位方法，并以定位单位元素为主。

test08_01. html

```
<html>
    <head>
        <title>李白简介</title>
    </head>
```

```
<body>
<p class = "title"> <b> 静夜思 </b> </p>
<p class = "content">
    床前明月光，<br />
    疑是地上霜。<br />
    举头望明月，<br />
    低头思故乡。<br />
</p>
<div class = "other" align = "left" name = "d1" id = "nr">
    李白(701 年—762 年)，字太白，号青莲居士，又号"谪仙人"，
    唐代伟大的浪漫主义诗人，被后人誉为"诗仙"，与
    <a href = "http://test.com/dufu" class = "poet" id = "link" name = "dufu">
        杜甫 </a>
    并称为"李杜"，为了与另两位诗人
    <a href = "http://test.com/lsy" class = "poet" id = "link" name = "lsy">
        李商隐 </a>、
    <a href = "http://test.com/dumu" class = "poet" id = "link" name = "dumu">
        杜牧 </a>
    即"小李杜"区别，杜甫与李白又合称"大李杜"。
    其人爽朗大方，爱饮酒……
</div>
<p class = "story"> … </p>
</body>
</html>
```

打开该网页如图 8.9 所示。

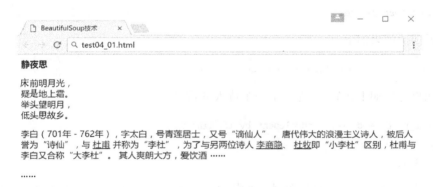

图 8.9　网页显示界面

8.3.1　通过 id 属性定位元素

该方法通过网页标签的 id 属性来定位元素，它将返回第一个与 id 属性值匹配的元素。如果没有元素与 id 值匹配，则返回一个 NoSuchElementException 异常。

假设需要通过 id 属性定位页面中的"杜甫""李商隐""杜牧"3 个超链接，则 HTML 核心代码如下：

```html
<html>
    <head>
        <title>李白简介</title>
    </head>
    <body>
        ...
        <div class = "other" align = "left" name = "d1" id = "nr">
        <a href = "http://test.com/dufu" class = "poet" id = "link" name = "dufu">
            杜甫</a>
        ...
        <a href = "http://test.com/lsy" class = "poet" id = "link" name = "lsy">
            李商隐</a>
        <a href = "http://test.com/dumu" class = "poet" id = "link" name = "dumu">
            杜牧</a>
        </div>
        ...
    </body>
</html>
```

如果需要获取 div 布局,则使用如下代码:

```
test_div  = driver.find_element_by_id('nr')
print test_div.text
```

返回的结果如下:

```
test_div  = driver.find_element_by_id('nr')
```

如果写成如下代码,则返回第一个诗人的信息。

```
test_poet  = driver.find_element_by_id('link')
print test_poet.text
♯ 杜甫
```

其中,test_poet 是获取的值,通常为"<selenium. webdriver. remote. webele­ment. WebElement (session = "5882a802-88ac-4ba9-bf3e-71563280a4d2", element ="{9c7fec52-af7f-4184-86a6-8f86a5aad171}")>",而 text 是获取其文本内容,即"杜甫"。

如果想通过 id 属性获取多个链接,比如"杜甫""李商隐""杜牧"对应的超链接,则需要使用 find_elements_by_id()函数,注意"elements"表示获取多个值。3 个超链接都使用同一个 id 名称"link",通过 find_elements_by_id()函数定位获取之后,再调用 for 循环输出结果,如下:

```
test_div = driver.find_elements_by_id('link')
for t in test_div:
    print t.text
# 杜甫
# 李商隐
# 杜牧
```

8.3.2　通过 name 属性定位元素

该方法通过网页标签的 name 属性来定位元素，它将返回第一个与 name 属性值匹配的元素。如果没有元素与 name 值匹配，则返回一个 NoSuchElementException 异常。

下面介绍通过 name 属性来定位页面中"杜甫""李商隐""杜牧"3 个超链接的方法，HTML 源码如下：

```
<html>
    <head>
        <title>李白简介</title>
    </head>
    <body>
        ...
        <div class = "other" align = "left" name = "d1" id = "nr">
        <a href = "http://test.com/dufu" class = "poet" id = "link" name = "dufu">
            杜甫</a>
        ...
        <a href = "http://test.com/lsy" class = "poet" id = "link" name = "lsy">
            李商隐</a>
        <a href = "http://test.com/dumu" class = "poet" id = "link" name = "dumu">
            杜牧</a>
        </div>
        ...
    </body>
</html>
```

如果需要分别获取"杜甫""李商隐""杜牧"3 个超链，则相应的代码如下：

```
test_poet1 = driver.find_element_by_name('dufu')
test_poet2 = driver.find_element_by_name('lsy')
test_poet3 = driver.find_element_by_name('dumu')
```

此时不能调用 find_elements_by_name()函数来获取多个元素，因为 3 个人物超链接的 name 属性是不同的。如果 name 属性相同，则可以用该方法获取同一 name 属性的多个元素。

8.3.3　通过 XPath 路径定位元素

XPath 是用于定位 XML 文档中节点的技术,HTML/XML 都是采用网页 DOM 树状标签的结构进行编写的,所以可以通过 XPath 方法分析其节点信息。Selenium Python 也提供了类似的方法来跟踪网页中的元素。

XPath 路径定位元素方法不同于按照 id 或 name 属性的定位方法,前者更加的灵活、方便。比如,想通过 id 属性定位第三位诗人"杜牧"的超链接信息,但是 3 位诗人的 id 属性值都是 link,如果没有其他属性,那将如何实现呢?此时可以借助 XPath 方法进行定位。这也体现了 XPath 方法的一个优点,即当没有一个合适的 id 或 name 属性来定位所需要查找的元素时,可以使用 XPath 去定位这个绝对元素(但不建议定位绝对元素),或者定位一个有 id 或 name 属性的相对元素位置。

XPath 方法也可以通过除了 id 和 name 属性以外的其他属性进行定位,其完整函数为 find_element_by_xpath() 和 find_elements_by_xpath()。

下面开始通过实例进行讲解,HTML 代码如下:

```html
<html>
    <head>
        <title> 李白简介 </title>
    </head>
    <body>
    <div class = "other" align = "left" name = "d1" id = "nr">
        李白(701 年—762 年),字太白,号青莲居士,又号"谪仙人",
        唐代伟大的浪漫主义诗人,被后人誉为"诗仙",与
      <a href = "http://test.com/dufu" class = "poet" id = "link1" namd = "dufu">
          杜甫 </a>
        并称为"李杜",为了与另两位诗人
      <a href = "http://test.com/lsy" class = "poet" id = "link2" namd = "lsy">
          李商隐 </a> 、
      <a href = "http://test.com/dumu" class = "poet" id = "link3" name = "dumu">
          杜牧 </a>
        即"小李杜"区别,杜甫与李白又合称"大李杜"。
        其人爽朗大方,爱饮酒……
    </div>
    </body>
</html>
```

上述 div 布局可以通过以下 3 种 XPath 方法定位:

```python
test_div = driver.find_element_by_xpath("/html/body/div[1]")
test_div = driver.find_element_by_xpath("//div[1]")
test_div = driver.find_element_by_xpath("//div[@id = 'nr']")
```

- 第一句是使用绝对路径定位，从 HTML 代码的根节点开始定位元素，但如果 HTML 代码稍有改动，其结果就会被破坏，此时可以通过后面两种方法进行定位。
- 第二句是获取 HTML 代码中的第一个 div 布局元素。但是，如果所要爬取的 div 节点位置太深，难道要从第一个 div 节点数下去吗？显然不是的。此时可以通过寻找附近一个元素的 id 或 name 属性进行定位，从而追踪到所需要的元素。
- 第三句是调用 find_element_by_xpath() 方法，定位 id 属性值为"nr"的 div 布局元素，此时可以定位介绍 3 位诗人的简介信息。

3 条语句输出的 test_div.text 内容如下：

李白(701 年—762 年)，字太白，号青莲居士，又号"谪仙人"，唐代伟大的浪漫主义诗人，被后人誉为"诗仙"，与杜甫并称为"李杜"，为了与另两位诗人李商隐、杜牧即"小李杜"区别，杜甫与李白又合称"大李杜"。其人爽朗大方，爱饮酒……

定位第三位诗人"杜牧"超链接的内容有 3 种方法，如下：

```
username = driver.find_element_by_xpath("//div[a/@name = 'dumu']")
username = driver.find_element_by_xpath("//div[@id = 'nr']/a[3]")
username = driver.find_element_by_xpath("//a[@name = 'dumu']")
```

- 第一句是定位 div 节点下的一个超链接 a 元素，且 a 元素的 name 属性为"dumu"。
- 第二句是定位"id='nr'"的 div 元素，再找到它的第三个超链接 a 子元素。
- 第三句是定位 name 属性为"dumu"的第一个超链接 a 元素。

同时，如果是按钮控件并且其 name 属性相同，假设 HTML 代码如下：

```
<form id = "loginForm">
    <input name = "continue" type = "submit" value = "Login" />
    <input name = "continue" type = "button" value = "Clear" />
</form>
```

则定位 value 值为"Clear"按钮元素的方法如下：

```
clearb = driver.find_element_by_xpath("//input[@name = 'continue'][@type = 'button']")
clearb = driver.find_element_by_xpath("//form[@id = 'loginForm']/input[2]")
```

- 第一句是定位属性 name 为"continue"且属性 type 为"button"的 input 控件。
- 第二句是定位属性"id='loginForm'"的 form 节点下的第二个 input 子元素。

XPath 方法作为最常用的定位元素的方法之一，后面章节的实例中将会被反复利用，而本小节只是介绍了它的一些基础知识。更多知识请读者自行在 W3Schools

XPath Tutorial、W3C XPath Recommendation 或 Selenium 官方文档中学习。

8.3.4　通过超链接文本定位元素

当需要定位一个锚点标签内的链接文本(Link Text)时可以通过超链接文本定位元素的方法进行定位。该方法将返回第一个匹配该链接文本值的元素。如果没有元素与该链接文本匹配,则抛出一个 NoSuchElementException 异常。下面将介绍如何通过该方法来定位页面中的"杜甫""李商隐""杜牧"3 个超链接,HTML 源码如下:

```html
<html>
    <body>
      <div class = "other" align = "left" name = "d1" id = "nr">
      <a href = "dufu.html" class = "poet" id = "link" name = "dufu">
          Dufu </a>
      <a href = "lsy.html" class = "poet" id = "link" name = "lsy">
          LiShangYing </a>
      <a href = "dumu.html" class = "poet" id = "link" name = "dumu">
          DuMu </a>
      </div>
    </body>
</html>
```

分别获取"杜甫""李商隐""杜牧"3 个超链接的代码如下:

```python
# 分别定位 3 个超链接
test_poet1 = driver.find_element_by_link_text('Dufu')
print test_poet1.text
test_poet2 = driver.find_element_by_link_text('LiShangYing')
print test_poet2.text
test_poet3 = driver.find_element_by_link_text('DuMu')
print test_poet3.text


# 定位超链接部分元素
test_poet4 = driver.find_element_by_partial_link_text('Du')
print test_poet4.text


# 定位超链接部分元素且定位多个元素
test_poet5 = driver.find_elements_by_partial_link_text('Du')
for t in test_poet5:
print t.text
```

其中,find_element_by_link_text()函数使用锚点标签的链接文本进行定位;

"partial"表示部分匹配；获取多个元素的方法使用 find_elements_by_partial_link_text()函数。

代码运行截图如图 8.10 所示，其中"http://localhost:8080/test09.html"为放在本地 Apache 服务器中的 test09.html 文件，其内容为上述 HTML 源码。

```
from selenium import webdriver
driver = webdriver.Firefox()
url = "http://localhost:8080/test09.html"
driver.get(url)

#分别定位三个超链接
test_poet1 = driver.find_element_by_link_text('Dufu')
print test_poet1.text
test_poet2 = driver.find_element_by_link_text('LiShangYing')
print test_poet2.text
test_poet3 = driver.find_element_by_link_text('DuMu')
print test_poet3.text

#定位超链接部分元素
test_poet4 = driver.find_element_by_partial_link_text('Du')
print test_poet4.text

#定位超链接部分元素且定位多个元素
test_poet5 = driver.find_elements_by_partial_link_text('Du')
for t in test_poet5:
    print t.text
```

```
Python 2.7.8 Shell
File  Edit  Shell  Debu
Python 2.7.8 (defa
32
Type "copyright",
>>> ==============
>>>
Dufu
LiShangYing
DuMu
Dufu
Dufu
DuMu
>>>
```

图 8.10　代码运行截图

8.3.5　通过标签名定位元素

通过标签名(Tag Name)定位元素将返回第一个用标签名匹配定位的元素。如果没有元素匹配，则返回一个 NoSuchElementException 异常。假设 HTML 源码如下：

test08_02.html

```
<html>
    <head>
        <title>李白简介</title>
    </head>
    <body>
        <h1>静夜思</h1>
        <p class='conterot'>床前明月光，疑是地上霜。举头望明月，低头思故乡。</p>
    </body>
</html>
```

定位元素 h1 和段落 p 的方法如下：

```
test1 = driver.find_element_by_tag_name('h1')
test2 = driver.find_element_by_tag_name('p')
```

169

8.3.6　通过类属性名定位元素

通过类属性名(Class Attribute Name)定位元素将返回第一个用类属性名匹配定位的元素。如果没有元素匹配,则返回一个 NoSuchElementException 异常。

test08_03.html 代码中通过 class 属性值定位段落 p 元素的方法如下:

```
test1 = driver.find_element_by_class_name('content')
```

8.3.7　通过 CSS 选择器定位元素

通过 CSS 选择器(CSS Selector)定位元素将返回第一个与 CSS 选择器匹配的元素。如果没有元素匹配,则返回一个 NoSuchElementException 异常。

test08_02.html 代码中通过 CSS 选择器定位段落 p 元素的方法如下:

```
test1 = driver.find_element_by_css_selector('p.content')
```

如果存在多个相同 class 属性值的 content 标签,则可以使用下面的方法进行定位:

```
test1 = driver.find_element_by_css_selector( * .content)
test2 = driver.find_element_by_css_selector(.content)
```

通过 CSS 选择器定位元素的方法是比较难的一个方法,推荐读者自行学习但是,作者更推荐大家使用 id、name 和 XPath 等常用的定位元素的方法。

8.4　常用方法和属性

8.4.1　操作元素的方法

定位操作完成后需要对已经定位的对象进行操作,这些操作的页面行为通常需要通过 WebElement 接口实现。常见操作元素的方法如表 8.3 所列。

表 8.3　常见操作元素的方法

方　　法	含　　义
clear()	清除元素的内容
send_keys(key)	模拟键盘按键操作,输入关键字(key)
click()	单击元素
submit()	提交表单
get_attribute(name)	获取属性为 name 的属性值
is_displayed()	设置该元素是否可见
is_enabled()	判断元素是否被使用
is_selected()	判断元素是否被选中

　　下面举一个自动登录百度首页的示例,利用该示例来讲解常见操作元素的方法,包括 clear()、send_keys()、click()和 submit()等。

　　首先通过 Firefox 浏览器打开百度首页,找到"登录"按钮右击,在弹出的快捷菜单中选择"审查元素",可以看到百度首页"登录"按钮对应的 HTML 源码,如图 8.11 所示。

图 8.11　百度首页"登录"按钮对应的 HTML 源码

　　"登录"按钮节点其实是一个 name 值为"tj_login"的超链接,可以通过下述代码定位到该节点,再调用 click()函数自动单击它,并跳转到登录页面。

```
login = driver.find_element_by_name("tj_login")
login.click()
```

　　单击"登录"按钮后弹出如图 8.12 所示的对话框,接下来需要分析用户名和密码的 HTML 源码,找到其节点位置后实现自动登录操作。

　　接着审查"登录百度账号"对话框,获取"用户名"和"密码"元素,对应 HTML 核心代码如下:

```
V <input id = "TANGRAM__PSP_10__userName" type = "text" value = "" autocomplete = "off"
    class = "pass - text - input pass - text - input - userName" name = "userName"
      placeholder = "手机/邮箱/用户名"> </input>
<input id = "TANGRAM__PSP_10__password" type = "password" value = ""
    class = "pass - text - input pass - text - input - password"
      name = "password" placeholder = "密码"> </input>
```

　　利用 find_element_by_name()函数定位元素,调用 clear()函数清除输入文本框的默认内容,如"请输入密码"等提示,并调用 send_keys()函数输入正确的用户名和

图 8.12 "登录百度账号"对话框

密码后单击登录。核心代码如下：

```
name = driver.find_element_by_name("userName")
name.send_keys(u"admin")
pwd = driver.find_element_by_name("password")
pwd.send_keys("123456")
pwd.send_keys(Keys.RETURN)
```

完整代码参考 test08_03.py 文件。

test08_03.py

```
# - * - coding:utf - 8 - * -
import time
from selenium import webdriver
from selenium.webdriver.common.keys import Keys
from selenium.webdriver.common.action_chains import ActionChains

#打开浏览器
driver = webdriver.Firefox()
driver.get("https://www.baidu.com/")

#登录
# login = driver.find_element_by_name("tj_login")
login = driver.find_element_by_xpath("//div[@id = 'u1']/a[7]")
```

```
print login. text
print login. get_attribute('href')
login. click()

#用户名,密码
name = driver. find_element_by_name("userName")
name. clear
name. send_keys(u"杨秀璋")
pwd = driver. find_element_by_name("password")
pwd. clear
pwd. send_keys("12345678")
#暂停输入验证码,按回车键登录
time. sleep(5)
pwd. send_keys(Keys. RETURN)
driver. close()
```

注意:如果需要输入中文,则为防止编码错误使用 send_keys(''u 中文用户名 '')
函数;如果登录过程中需要输入验证码,则使用 time. sleep(5)暂停函数,手动输入验
证码"报表"后,程序会执行 send_keys(keys. RETURN)函数,输入回车键实现百度
网页自动登录。

该部分代码会自动输入指定的用户名和密码,然后输入回车键实现登录操作,如
图 8.13 所示。但需要注意的是,由于部分页面是动态加载的,所以在实际操作时可
能无法捕获其节点;另外,百度网页的 HTML 源码也会不定期变化。

图 8.13　自动登录并输入信息

8.4.2　WebElement 常用属性

通过 WebElement 接口可以获取常用的值,其中常见属性值如表 8.4 所列。

表 8.4　常见属性值

方　　法	含　　义
size	获取元素的尺寸
text	获取元素的文本
location	获取元素的坐标。先找到要获取的元素,再调用该方法
page_source	返回页面源码
title	返回页面标题
current_url	获取当前页面的 URL
tag_name	返回元素的标签名称

下述代码实现的功能是获取百度首页"新闻"的超链接及位置信息,这些信息就是 WebElement 接口的常用属性。

test08_04. py

```
# - * - coding:utf - 8 - * -
import time
from selenium import webdriver
from selenium.webdriver.common.keys import Keys

driver = webdriver.Firefox()
driver.get("https://www.baidu.com/")

print driver.title
print driver.current_url
# 百度一下,你就知道
# https://www.baidu.com/

news = driver.find_element_by_xpath("//div[@id = 'u1']/a[1]")
print news.text
print news.get_attribute('href')
print news.location
# 新闻
# http://news.baidu.com/
# {'y': 19.0, 'x': 456.0}
```

其中,"driver. title"用于输出网页的标题"百度一下,你就知道","driver. current_

url"用于输出当前页面的超链接,"find_element_by_xpath("//div[@id='u1']/a
[1]")"用于定位百度首页右上角的"新闻","news. text"用于输出内容,"get_attrib-
ute('href')"用于获取超链接,"news. location"用于输出坐标。

8.5　键盘和鼠标自动化操作

Selenium 技术还可以实现自动操作键盘和鼠标的功能,所以它更多地应用于自
动化测试领域,通过自动操作网页、反馈响应的结果来检测网站的健壮性和安全性。

8.5.1　键盘操作

在 Selenium 提供的 Webdriver 库中,其子类 Keys 提供了所有键盘按键的操作,如
回车键、Tab 键、空格键等,同时还包括一些常见的快捷键,如 Ctrl＋A(全选)、Ctrl＋C
(复制)、Ctrl＋V(粘贴)等快捷键。常用键盘操作如表 8.5 所列。

表 8.5　常用键盘操作

方　法	含　义
send_keys(Keys. ENTER)	按回车键,最常用按键操作
send_keys(Keys. TAB)	按 Tab 键
send_keys(Keys. SPACE)	按空格键
send_keys(Kyes. ESCAPE)	按 Esc 键
send_keys(Keys. BACK_SPACE)	按 Backspace 键
send_keys(Keys. SHIFT)	按 Shift 键
send_keys(Keys. CONTROL)	按 Ctrl 键
send_keys(Keys. CONTROL,'a')	按 Ctrl＋A 快捷键全选
send_keys(Keys. CONTROL,'c')	按 Ctrl＋C 快捷键复制
send_keys(Keys. CONTROL,'x')	按 Ctrl＋X 快捷键剪切
send_keys(Keys. CONTROL,'v')	按 Ctrl＋V 快捷键粘贴

例如,利用百度自动搜索"Python"关键字,代码如下:

```
# - * - coding:utf - 8 - * -
from selenium import webdriver
from selenium.webdriver.common.keys import Keys

driver = webdriver.Firefox()
driver.get("https://www.baidu.com/")
elem = driver.find_element_by_id("kw")
elem.send_keys("Python")
elem.send_keys(Keys.RETURN)
```

首先需要定位百度搜索框的 HTML 源码,分析结果如图 8.14 所示,百度搜索框对应的 HTML 标签为 input 且其属性 id 为"kw",所以定位代码为"driver. find_element_by_id("kw")"。

图 8.14　百度搜索框的 HTML 源码

然后调用"elem. send_keys("Python")"输入关键字"Pyhon"。"elem. send_keys(Keys. RETURN)"表示输入回车键,相当于单击"百度一下"按钮,反馈结果如图 8.15 所示。

图 8.15　返回搜索结果

8.5.2 鼠标操作

Selenium 操作鼠标的技术也常用于自动化测试中,它位于 ActionChains 类中,最常用的是 click()函数,该函数表示单击操作。常见鼠标操作如表 8.6 所列。

表 8.6 常用鼠标操作

方　法	含　义
click()	单击一次
context_click(elem)	右击元素 elem,比如在弹出的快捷菜单中选择"另存为"等命令
double_click(elem)	双击元素 elem
drag_and_drop(source,target)	鼠标拖动操作。在源元素 source 位置处按下鼠标左键并移动至目标元素 target,然后释放
send_keys(Keys.BACK_SPACE)	按 Backspace 键
move_to_element(elem)	将光标移动到元素 elem 上
click_and_hold(elem)	按下鼠标左键并悬停在元素 elem 上
perform()	执行 ActionChains 类中的存储操作,弹出对话框

例如,定位百度的 Logo 图片,然后右击,在弹出的快捷菜单中选择"图像另存为",代码如下:

```
# - * - coding:utf - 8 - * -
from selenium import webdriver
from selenium.webdriver.common.keys import Keys
from selenium.webdriver.common.action_chains import ActionChains
driver = webdriver.Firefox()
driver.get("https://www.baidu.com")
#选中图片右击,在弹出的快捷菜单中选择"图像另存为"
pic = driver.find_element_by_xpath("//div[@id = 'lg']/img")
action = ActionChains(driver).move_to_element(pic)
action.context_click(pic)
#右击图片,在弹出的快捷菜单中选择光标向下按键
action.send_keys(Keys.ARROW_DOWN)
#移动到"另存为",即为 v 值
action.send_keys('v') #另存为
action.perform()
```

输出结果如图 8.16 所示。

图 8.16　利用鼠标执行"图像另存为"的操作

8.6　导航控制

本节主要介绍 Selenium 的导航控制操作,包括页面交互、表单操作和对话框间的移动等内容。

8.6.1　下拉菜单交互操作

前面讲述的百度搜索案例就是一个页面交互的过程,包括:

- 调用 driver.find_element_by_xpath()函数定位元素。
- 调用 send_keys(key)输入关键词或键盘按键,如输入 Keys.RETURN 回车键。
- 调用 click()函数单击,执行另存为图片的操作等。

这里将补充页面交互切换下拉菜单的实例。定位"name"下拉菜单标签后,调用 SELECT 类选中选项,同时 select_by_visible_text()用于显示选中的菜单,也可以提交 Form 表单。具体代码如下:

```
from selenium.webdriver.support.ui import Select
name = driver.find_element_by_name('name')
select = Select(name)
select.select_by_index(index)
select.select_by_visible_text("text")
select.select_by_value(value)
```

如果读者想取消已选中的选项,则可使用如下代码:

```
from selenium.webdriver.support.ui import Select
name = driver.find_element_by_name('name')
select = Select(name)
all_selected_options = select.all_selected_options
```

如果想获取所有的可用选项,则可调用 select.options。当读者填写完表单后,可以通过 submit()函数提交,或者找到提交按钮后调用"driver.find_element_by_id("submit").click()"提交。

8.6.2　Window 和 Frame 间对话框的移动

网站通常都是由多个窗口组成的,称为多帧 Web 应用。webdriver 提供 switch_to_window()方法来支持命名窗口间的移动切换,如下:

```
driver.switch_to_window("windowName")
```

现在 driver 的所有操作都将针对特定的窗口,但是怎么才能知道窗口的名字呢?可以通过定位其 HTML 源码中的超链接,或者给 switch_to_window()方法传递一个"窗口句柄"来实现。常用的方法是,循环遍历所有的窗口,获取指定的句柄进行定位操作,核心代码如下:

```
for handle in driver.window_handles:
    driver.switch_to_window(handle)
```

在帧与帧(Iframe)之间切换使用"driver.switch_to_frame("frameName")"函数。对于弹出式对话框,Selenium webdriver 提供了内建支持,switch_to_alert()函数将返回当前打开的 alert 对象,通过该对象可以进行确认同意或反对操作,也可以读取它的内容,代码如下:

```
alert = driver.switch_to_alert()
```

下面是捕获弹出式对话框内容的核心代码。

```
# 获取当前窗口句柄
now_handle = driver.current_window_handle
print now_handle

# 获取所有窗口句柄
all_handles = driver.window_handles
for handle in all_handles:
    if handle != now_handle:
        # 输出待选择的窗口句柄
        print handle
        driver.switch_to_window(handle)
```

179

```
            time.sleep(1)
            #具体操作
            elem_bt = driver.find_element_by_xpath("…")
            driver.close()  #关闭当前窗口

#输出主窗口句柄
print now_handle
driver.switch_to_window(now_handle)  #返回主窗口
```

更多知识推荐读者阅读官方文档。

8.7　本章小结

Selenium 库分析和定位节点的方法与 BeautifulSoup 库类似，它们都能够利用类似于 XPath 技术的方法来定位标签，都拥有丰富的操作函数来爬取数据。但不同之处在于，Selenium 能方便地操控键盘、鼠标，以及切换对话框、提交表单等。对于目标网页需要验证登录后才能爬取、所爬取的数据位于弹出的对话框中或所爬取的数据通过超链接跳转到了新的窗口等情况，Selenium 技术的优势就体现出来了，它叫以通过控制鼠标模拟登录或提交表单来爬取数据，但其缺点是爬取效率较低。

参考文献

[1] Wong T. Selenium Python 文档：目录‐ Tacey Wong ‐博客园［EB/OL］．［2017‐10‐14］．http：//www.cnblogs.com/taceywong/p/6602927.html.

[2] Muthukadan B. Selenium with Python——Selenium Python Bindings 2 documentation［EB/OL］．［2017‐10‐14］．http：//selenium-python.readthedocs.io/index.html.

[3] Baijum. Selenium-Python Github［EB/OL］．［2017‐10‐14］．https：//github.com/baijum/selenium-python.

第 9 章

用 Selenium 爬取在线百科知识

在线百科是基于 Wiki 技术的、动态的、免费的、可自由访问和编辑的多语言百科全书的 Web 2.0 知识库系统，它是互联网中公开的、用户可自由编辑的知识库，并且具有知识覆盖面广、结构化程度高、信息更新速度快和开放性好等优势。其中，被广泛使用的三大在线百科包括维基百科（Wikipedia）、百度百科和互动百科。

本章结合具体实例深入分析 Selenium 技术，通过 3 个基于 Selenium 技术的爬虫爬取维基百科、百度百科和互动百科消息盒的例子，从实际应用中来学习利用。

9.1　三大在线百科

随着互联网和大数据的飞速发展，我们需要从海量信息中挖掘出有价值的信息，而在搜集这些海量信息的过程中，通常都会涉及底层数据的抓取构建工作，比如多源知识库融合、知识图谱构建、计算引擎建立等。其中，具有代表性的知识图谱应用包括谷歌公司的 Knowledge Graph、Facebook 推出的实体搜索服务（Graph Search）、百度公司的百度知心、搜狗公司的搜狗知立方等。这些应用的技术可能会有所区别，但它们在构建过程中都利用了维基百科、百度百科、互动百科等在线百科知识，所以本章将介绍如何爬取这三大在线百科。

百科是天文、地理、自然、人文、宗教、信仰、文学等全部学科知识的总称，它可以是综合的，包含所有领域的相关内容；也可以是面向专业的。接下来将介绍常见的三大在线百科，它们是信息抽取研究的重要语料库之一。

9.1.1　维基百科

"Wikipedia is a free online encyclopedia with the aim to allow anyone to edit articles." 这是维基百科的官方介绍。"维基百科"一词是由该网站核心技术"Wiki"

以及具有百科全书之意的"encyclopedia"共同创造出来的新混成词——"Wikipedia"，它是一个基于维基技术的多语言百科全书协作计划，是用多种语言编写的网络百科全书，是由非营利组织维基媒体基金会负责运营的，并接受任何编辑。

在所有在线百科中，维基百科的准确性最好、结构化最好，但是维基百科以英文知识为主，涉及的中文知识很少。在线百科页面通常包括：标题（Title）、摘要描述（Description）、消息盒（InfoBox）、实体类别（Category）、跨语言链接（Cross-lingual Link）等。维基百科中实体"黄果树瀑布"的中文页面信息如图 9.1 所示。

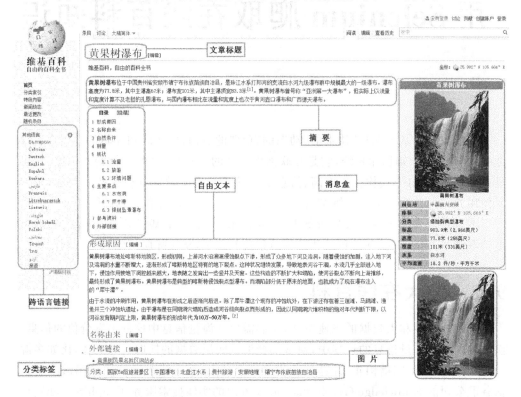

图 9.1　维基百科中实体"黄果树瀑布"的中文页面信息

图 9.1 所示的维基百科信息主要包括：

① 文章标题（Article Title）：一篇文章的唯一标识（除存在歧义的页面外），即对应一个实体，对应图 9.1 中的"黄果树瀑布"。

② 摘要（Abstract）：通过一段或两段精简的文字对整篇文章或整个实体进行描述，具有重要的使用价值。

③ 自由文本（Free Text）：包括全文本内容和部分文本内容。其中，全文本内容是描述整篇文章的所有文本信息，包括摘要信息和各个部分的介绍信息；部分文本内容是描述一篇文章的部分文本信息，用户可以自定义摘取。

④ 分类标签（Category Label）：用于鉴定该篇文章所属的类型。对于图 9.1 所

示的"黄果树瀑布",其包括的分类标签有"国家 5A 级旅游景区""中国瀑布""贵州旅游"等。

⑤ 消息盒(InfoBox):又称为信息模块或信息盒,它采用结构化形式展现网页信息,用于描述文章或实体的属性和属性值信息。消息盒包含一定数量的"属性−属性值"对,聚集了该篇文章的核心信息,用于表征整个网页或实体。

9.1.2　百度百科

百度百科是百度公司推出的一个内容开放、自由的网络百科全书平台。截至2017 年 4 月,百度百科收录的词条已超过 1 432 万条,参与词条编辑的人数超过 610万,几乎涵盖了所有已知的知识领域。百度百科旨在创造一个涵盖各领域知识的中文信息收集平台,强调用户的参与和奉献精神,充分调动互联网用户的力量,汇聚广大用户的智慧,积极进行交流和分享。同时,百度百科实现了与百度搜索、百度知道的结合,从不同的层次上满足用户对信息的需求。

与维基百科相比,百度百科所包含的中文知识最多,也最广,但是准确性相对较差。百度百科页面也包括:标题(Title)、摘要描述(Description)、消息盒(InfoBox)、实体类别(Category)、跨语言链接(Cross-lingual Link)等。图 9.2 所示为百度百科

图 9.2　百度百科"Python"的网页实体信息

"Python"的网页实体信息,该网页的消息盒为中间部分,采用键值对(Key-value pair)的形式,比如"外文名"对应的值为"Python","经典教材"对应的值为"Head First Python"等。

9.1.3 互动百科

互动百科(www.baike.com)是中文百科网站的开拓者与领军者,致力于为数亿中文用户免费提供海量、全面、及时的百科信息,并通过全新的维基平台不断改善用户对信息的创作、获取和共享方式。截至 2016 年年底,互动百科已经发展成为由超过 1 100 万用户共同打造的拥有 1 600 万词条、2 000 万张图片、5 万个微百科的百科网站,新媒体覆盖人群 1 000 余万人,手机 APP 用户超过 2 000 万。

相对于百度百科,互动百科的准确性更高、结构化更好,在专业领域上知识质量较高,故研究者通常会选择互动百科作为主要语料之一。图 9.3 所示是互动百科首页。

图 9.3　互动百科首页

互动百科的信息分为两种形式存储:一种是百科中结构化的信息盒,另一种是百科正文的自由文本。对于百科中的词条文章,只有少数词条含有结构化信息盒,但所有词条均含有自由文本。信息盒是采用结构化方式展现词条信息的形式,一个典型的百科消息盒展示例子如图 9.4 所示,显示了 Python 的 InfoBox 信息,采用键值对的形式呈现,如 Python 的"设计"为"Guido van Rossum"。

下面将分别讲解如何利用 Selenium 技术爬取三大在线百科的消息盒,而三大百

图 9.4 互动百科消息盒

科的分析方法略有不同。例如：维基百科从列表页面分别获取二十国集团（简称 G20）中各个国家的超链接，再依次进行网页分析和信息爬取；百度百科先调用 Selenium 进行自动操作，输入各种编程语言名称，再进行访问定位爬取；互动百科则先分析网页的超链接 url，再到不同的景点进行分析及信息抓取。

9.2 用 Selenium 爬取维基百科

9.2.1 网页分析

本小节将详细讲解如何利用 Selenium 爬取二十国集团（G20）的第一段摘要信息，具体步骤如下：

第一步 从 G20 列表页面中获取各国的超链接

20 国集团列表的网址为"https：//en. wikipedia. org/wiki/Category：G20_nations"，如图 9.5 所示。维基百科按照各个国家英文名称首写字母的顺序排列，比如 "Japan""Italy""Brazil"等，每个国家都采用超链接的形式进行跳转。

首先需要获取 20 个国家的超链接，然后到具体的页面中爬取相关信息。在一个国

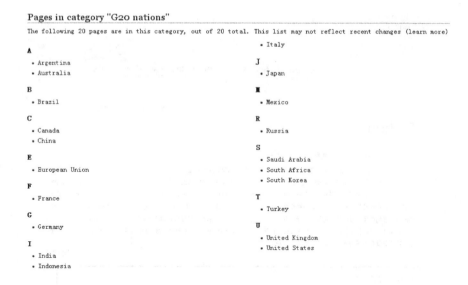

图 9.5 维基百科二十国集团列表页面

家的超链接(比如"China")上右击,在弹出的快捷菜单中选择"检查"命令(见图 9.6),可以获取对应的 HTML 源码,如下:

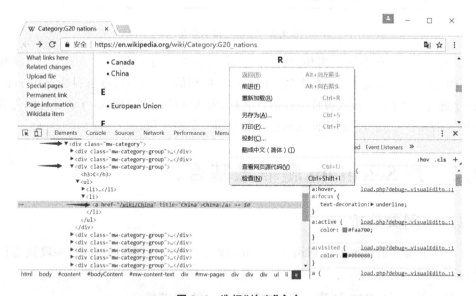

图 9.6 选择"检查"命令

其中,超链接位于"<div class="mw-category-group">"布局的"<ul><li><a>"节点下,对应代码如下:

```
<div class = "mw - pages">
```

```
<div lang = "en" dir = "ltr" class = "mw - content - ltr">
    <div class = "mw - category">
        <div class = "mw - category - group">
            <h3 > C <h3 >
            <ul > <li>
                <a href = "/wiki/China" title = "China"> China </a>
        </li> </ul>
        </div >
        <div class = "mw - category - group"> … </div >
        <div class = "mw - category - group"> … </div >
        …
    </div >
    </div >
</div >
```

调用 Selenium 的 find_elements_by_xpath() 函数获取节点的 class 属性为"mw-category-group"的超链接,它将返回多个元素。定位超链接的核心代码如下:

```
driver.get("https://en.wikipedia.org/wiki/Category:G20_nations")
elem = driver.find_elements_by_xpath("//div[@class = 'mw - category - group']/ul/li/a")
for e in elem:
    print e.text
    print e.get_attribute("href")
```

find_elements_by_xpth() 函数先解析 HTML 的 DOM 树形结构并定位到指定节点,获取其元素;然后定义一个 for 循环,依次获取节点的内容和 href 属性,其中,e. text 表示节点的内容,例如" <a href＝"/wiki/China" title＝"China"> China </a>"节点之间的内容为"China"。e. get_attribute("href")表示获取节点属性 href 对应的属性值,即"/wiki/China";同理,e. get_attribute("title")可以获取标题 title 属性,得到的值为"China"。

此时,将获取的超链接存储至变量中(见图 9.7),再依次定位到每个国家并获取所需内容。

第二步　调用 Selenium 定位并爬取各国页面的消息盒

接下来开始访问具体的页面,比如中国"https://en. wikipedia. org/wiki/China",如图 9.8 所示,可以看到页面的 URL、标题、摘要、内容、消息盒等,其中,消息盒在图的右边,包括国家全称、国旗、国徽和国歌等信息。下面采用 <属性-属性值> 对的形式进行描述,很简明精准地概括了一个网页实体,比如 <首都-北京>、<人口－13亿人> 等信息。通常获取这些信息后需要进行预处理操作,之后才能进行数据分析,后面章节将详细讲解。

访问完每个国家的页面后,接下来需要获取有关每个国家的第一段文字介绍(注

```
[u'Argentina', u'Australia', u'Brazil', u'Canada', u'China', u'European Union',
u'France', u'Germany', u'India', u'Indonesia', u'Italy', u'Japan', u'Mexico', u'
Russia', u'Saudi Arabia', u'South Africa', u'South Korea', u'Turkey', u'United K
ingdom', u'United States']
[u'https://en.wikipedia.org/wiki/Argentina', u'https://en.wikipedia.org/wiki/Aus
tralia', u'https://en.wikipedia.org/wiki/Brazil', u'https://en.wikipedia.org/wik
i/Canada', u'https://en.wikipedia.org/wiki/China', u'https://en.wikipedia.org/wi
ki/European_Union', u'https://en.wikipedia.org/wiki/France', u'https://en.wikipe
dia.org/wiki/Germany', u'https://en.wikipedia.org/wiki/India', u'https://en.wiki
pedia.org/wiki/Indonesia', u'https://en.wikipedia.org/wiki/Italy', u'https://en.
wikipedia.org/wiki/Japan', u'https://en.wikipedia.org/wiki/Mexico', u'https://en
.wikipedia.org/wiki/Russia', u'https://en.wikipedia.org/wiki/Saudi_Arabia', u'ht
tps://en.wikipedia.org/wiki/South_Africa', u'https://en.wikipedia.org/wiki/South
_Korea', u'https://en.wikipedia.org/wiki/Turkey', u'https://en.wikipedia.org/wik
i/United_Kingdom', u'https://en.wikipedia.org/wiki/United_States']
```

图 9.7　爬取 20 个国家的超链接

图 9.8　维基百科"China"页面

意：本小节讲解的爬虫内容可能比较简单，但是讲解的方法非常重要，包括如何定位
节点及爬取知识），详情页面对应的 HTML 部分核心代码如下：

```
<div class = "mw - parser - output">
    <div role = "note" class = "hatnote navigation - not - searchable"> … </div>
    <div role = "note" class = "hatnote navigation - not - searchable"> … </div>
    <table class = "infobox gegraphy vcard"> … </table>
        <p>
            <b> China </b>, officially the
            <b> People's Republic of China </b>
            …
        </p>
        <p> … </p>
```

```
        <p> … </p>
        …
    </table>
    </div>
    </div>
</div>
```

Chrome 浏览器检查元素的方法如图 9.9 所示。

图 9.9　Chrome 浏览器检查元素的方法

正文内容位于 class 属性为"mw-parser-output"的 <div> 节点下。在 HTML 中，<p> 标签表示段落，通常用于标识正文，<b> 标签表示加粗。获取第一段内容定位第一个 <p> 节点即可。核心代码如下：

```
driver.get("https://en.wikipedia.org/wiki/China")
elem = driver.find_element_by_xpath("//div[@class = 'mw - parser - output']/
p[2]").text
print elem
```

注意：正文第一段内容位于第二个 <p> 段落，故获取 p[2] 即可。同时，如果读者想从源码中获取消息盒，则需获取消息盒的位置并抓取数据。消息盒（InfoBox）的内容在 HTML 中对应为"<table class="infobox gegraphy vcard"> … </table>"节点，记录了网页实体的核心信息。

9.2.2 代码实现

完整代码参考 test09_01.py 文件,如下:

test09_01.py

```
# coding = utf - 8
import time
import re
import os
from selenium import webdriver
from selenium.webdriver.common.keys import Keys


driver = webdriver.Firefox()
driver.get("https://en.wikipedia.org/wiki/Category:G20_nations")
elem = driver.find_elements_by_xpath("//div[@class = 'mw - category - group']/ul/li/a")
name = []                        #国家名
urls = []                        #国家超链接
for e in elem:
    print e.text
    print e.get_attribute("href")
    name.append(e.text)
    urls.append(e.get_attribute("href"))


print name
print urls

for url in urls:
    driver.get(url)
    elem = driver.find_element_by_xpath("//div[@class = 'mw - parser - output']/
    p[1]").text
    print elem
```

其中,爬取的"中国"页面的信息如图 9.10 所示。

9.3 用 Selenium 爬取百度百科

9.3.1 网页分析

本小节将详细讲解 Selenium 爬取百度百科消息盒的例子,爬取的主题为 10 个国家 5A 级景区,其中,景区的名单定义在 TXT 文件中,然后再定向爬取它们的消息

```
China, officially the People's Republic of China (PRC), is a unitary sovereign s
tate in East Asia and the world's most populous country, with a population of ar
ound 1.404 billion.[10] Covering approximately 9.6 million square kilometres (3.
7 million square miles), it is the world's second-largest state by land area[16]
 and third- or fourth-largest by total area.[j] Governed by the Communist Party
of China, it exercises jurisdiction over 22 provinces, five autonomous regions,
four direct-controlled municipalities (Beijing, Tianjin, Shanghai, and Chongqing
) and the Special Administrative Regions Hong Kong and Macau, also claiming sove
reignty over Taiwan. China is a great power and a major regional power within As
ia, and has been characterized as a potential superpower.[17][18]
```

图 9.10　爬取结果

盒信息。具体核心步骤如下：

第一步　调用 Selenium 自动搜索百度百科关键词

首先，调用 Selenium 访问百度百科首页，网址为"https://baike. baidu. com"。图 9.11 所示为百度百科首页，其顶部为搜索框，输入相关词条如"故宫"，单击"进入词条"按钮，即可得到"故宫"词条的详细信息。

图 9.11　百度百科首页

然后，右击"进入词条"按钮，在弹出的快捷菜单中选择"审查元素"，可以查看该按钮对应的 HTML 源码，如图 9.12 所示。

"进入词条"按钮对应的 HTML 核心代码如下：

```
<div class = "form">
    <form id = "searchForm" action = "/search/word" method = "GET">
        <input id = "query" nslog = "normal" name = "word" type = "text"
```

图 9.12　百度百科审查元素

```
autocomplete = "off" autocorrect = "off" value = "">
<button id = "search" nslog = "normal" type = "button">
    进入词条
</button>
<button id = "searchLemma" nslog = "normal" type = "button">
    全站搜索
</button>
<a class = "help" href = "/help" nslog = "normal" target = "_blank">
    帮助
</a>
    </form>
    ...
</div>
```

调用 Selenium 的 find_element_by_xpath("//form[@id = 'searchForm']/input")函数可以获取输入文本框的 input 控件,然后自动输入"故宫",获取"进入词条"按钮并自动单击。这里采用的方法是,在键盘上按回车键即可访问"故宫"界面,核心代码如下:

```
driver.get("http://baike.baidu.com/")
elem_inp = driver.find_element_by_xpath("//form[@id = 'searchForm']/input")
elem_inp.send_keys(name)
elem_inp.send_keys(Keys.RETURN)
```

第二步　调用 Selenium 访问"故宫"页面并定位消息盒

第一步完成后进入"故宫"页面,然后找到中间的消息盒部分,右击,在弹出的快捷菜单中选择"审查元素",返回结果如图 9.13 所示。

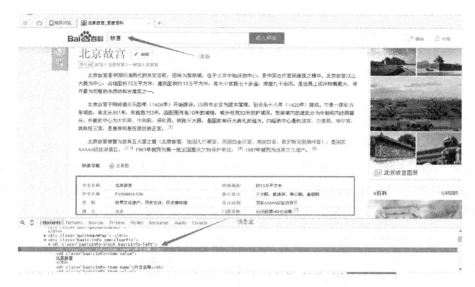

图 9.13　百度百科中的"故宫"消息盒

消息盒主要采用 <属性-属性值> 的形式存储，详细概括了"故宫"实体的信息。例如，属性"中文名称"对应值为"北京故宫"，属性"外文名称"对应值为"Forbidden City"。对应的 HTML 部分源码如下：

```
<div class = "basic - info cmn - clearfix">
    <dl class = "basicInfo - block basicInfo - left">
        <dt class = "basicInfo - item name"> 中文名称 </dt>
        <dd class = "basicInfo - item value">
            北京故宫
        </dd>
        <dt class = "basicInfo - item name"> 外文名称 </dt>
        <dd class = "basicInfo - item value">
            Forbidden City
        </dd>
        <dt class = "basicInfo - item name"> 类   别 </dt>
        <dd class = "basicInfo - item value">
            世界文化遗产、历史古迹、历史博物馆
        </dd>
    </dl>
    ...
    <dl class = "basicInfo - block basicInfo - right">
        <dt class = "basicInfo - item name"> 建筑面积 </dt>
        <dd class = "basicInfo - item value">
            约 15 万平方米
        </dd>
```

193

```
        <dt class = "basicInfo - item name"> 著名景点 </dt>
        <dd class = "basicInfo - item value">
            三大殿、乾清宫、养心殿、皇极殿
        </dd>
    </dl>
    ...
</div>
```

整个消息盒位于 < div class = "basic−info cmn−clearfix"> 标签中,接下来是 <dl>、<dt>、<dd> 组合 HTML 标签,其中消息盒 div 布局共包括两个 <dl> … </dl> 布局,一个是记录消息盒左边部分的内容,另一个是记录消息盒右边部分的内容,每个 <dl> 标签里再定义属性和属性值,如图 9.14 所示。

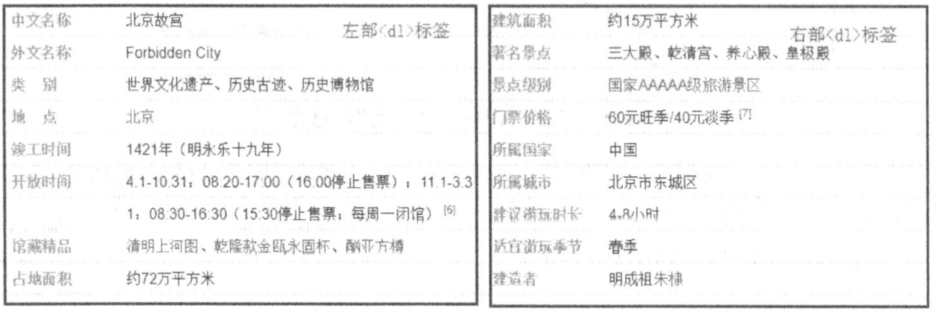

中文名称	北京故宫	左部<dl>标签		建筑面积	约15万平方米	右部<dl>标签
外文名称	Forbidden City			著名景点	三大殿、乾清宫、养心殿、皇极殿	
类 别	世界文化遗产、历史古迹、历史博物馆			景点级别	国家AAAAA级旅游景区	
地 点	北京			门票价格	60元旺季/40元淡季 [7]	
竣工时间	1421年（明永乐十九年）			所属国家	中国	
开放时间	4.1-10.31；08.20-17:00（16.00停止售票）；11.1-3.3 1；08.30-16:30（15:30停止售票；每周一闭馆）[6]			所属城市	北京市东城区	
				建议游玩时长	4、8小时	
馆藏精品	清明上河图、乾隆款金瓯永固杯、酗平方樽			适宜游玩季节	春季	
占地面积	约72万平方米			建造者	明成祖朱棣	

图 9.14　消息盒布局

注意:使用 dt、dd 时最外层必须使用 dl 包裹,其中,<dl> 标签定义列表(Definition List),<dt> 标签定义列表中的项目,<dd> 标签描述列表中的项目,此组合标签称为表格标签,与 table 表格组合标签类似。

接下来调用 Selenium 扩展库的 find_elements_by_xpath()函数分别定位属性和属性值,该函数会返回多个属性及属性值集合,然后通过 for 循环输出已定位的多个元素值。核心代码如下:

```
elem_name = driver. find_elements_by_xpath("//div[@ class = 'basic - info cmn -
clearfix']/dl/dt")
elem_value = driver. find_elements_by_xpath("//div[@ class = 'basic - info cmn -
clearfix']/dl/dd")
for e in elem_name:
    print e. text
for e in elem_value:
    print e. text
```

至此,使用 Selenium 爬取百度百科国家 5A 级景区的方法就讲完了。

9.3.2　代码实现

前面讲述的完整代码都是位于一个 Python 文件中的,但是当代码越来越多时,复杂的代码量可能会困扰我们,那么我们可以定义多个 Python 文件进行相互调用吗? 答案是肯定的。这里的完整代码就是两个文件,即 test09_02. py 和 getinfo. py 文件。其中,test09_02. py 文件定义了主函数 main( ),并调用了 getinfo. py 文件中的 getInfobox( )函数爬取消息盒。

test09_02. py

```
# - * - coding: utf - 8 - * -
# test09_02.py
import codecs
import getinfo    #引用模块

#主函数
def main():
    #文件读取景点信息
    source = open("test09.txt",'r')
    for name in source:
        name = unicode(name,"utf - 8")
        print name
        getinfo.getInfobox(name)
    print 'End Read Files!'
    source.close()

if __name__ == '__main__':
    main()
```

在 test09_02. py 文件中调用"import getinfo"导入 getinfo. py 文件,导入后就可以在 main( )函数中调用 getinfo. py 文件中的函数和属性,调用 getinfo. py 文件中的 getInfobox( )函数,执行爬取消息盒的操作。

getinfo. py

```
# coding = utf - 8
# getinfo.py
import os
import codecs
import time
from selenium import webdriver
from selenium.webdriver.common.keys import Keys
```

195

＃getInfobox()函数：获取国家 5A 级景区消息盒

```
def getInfobox(name):
    try:
        print name
        #访问百度百科并自动搜索
        driver = webdriver.PhantomJS(executable_path = "C:\phantomjs - 1.9.1 - win-
        dows\phantomjs.exe")
        driver.get("http://baike.baidu.com/")
        elem_inp = driver.find_element_by_xpath("//form[@id = 'searchForm']/input")
        elem_inp.send_keys(name)
        elem_inp.send_keys(Keys.RETURN)
        time.sleep(1)
        print driver.current_url
        print driver.title

        #爬取消息盒 InfoBox 的内容
        elem_name = driver.find_elements_by_xpath("//div[@class = 'basic - info cmn -
        clearfix']/dl/dt")
        elem_value = driver.find_elements_by_xpath("//div[@class = 'basic - info cmn -
        clearfix']/dl/dd")
        '''
        for e in elem_name:
            print e.text
        for e in elem_value:
            print e.text
        '''

        #构建字段成对输出
        elem_dic = dict(zip(elem_name,elem_value))
        for key in elem_dic:
            print key.text,elem_dic[key].text
        time.sleep(5)

    except Exception,e:
        print "Error: ",e
    finally:
        print '\n'
        driver.close()
```

比如爬取"故宫"的输出结果如下：

https://baike.baidu.com/item/北京故宫
北京故宫_百度百科

外文名称 Forbidden City

著名景点 三大殿、乾清宫、养心殿、皇极殿

适宜游玩季节 春季

地　　点 北京

建议游玩时长 4－8 小时

占地面积 约 72 万平方米

门票价格 60 元旺季/40 元淡季[7]

中文名称 北京故宫

竣工时间 1421 年(明永乐十九年)

馆藏精品 清明上河图、乾隆款金瓯永固杯、酗亚方樽

所属城市 北京市东城区

所属国家 中国

建筑面积 约 15 万平方米

建造者 明成祖朱棣

景点级别 国家 AAAAA 级旅游景区

类　　别 世界文化遗产、历史古迹、历史博物馆

开放时间 4.1－10.31：08：20－17：00(16：00 停止售票);11.1－3.31：08：30－16：30(15；30 停止售票;每周一闭馆)[6]

Python 运行结果如图 9.15 所示,其中,test09.txt 文件中包括几个常见的景点。

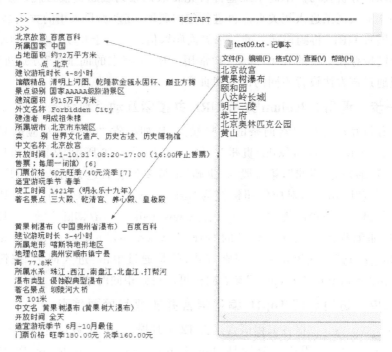

图 9.15　百度百科爬取结果

上述代码中的属性和属性值都是通过字典进行组合输出的,核心代码如下:

```
elem_dic = dict(zip(elem_name,elem_value))
for key in elem_dic：
    print key.text,elem_dic[key].text
```

调用的是本地的无界面浏览器 PhantomJS 进行爬取的，调用方法如下：

```
webdriver.PhantomJS(executable_path = "C:\phantomjs - 1.9.1 - windows\phantomjs.exe")
```

9.4 用 Selenium 爬取互动百科

9.4.1 网页分析

目前，在线百科已经发展为众多科研工作者从事语义分析、知识图谱构建、自然语言处理、搜索引擎和人工智能等领域的重要语料来源。互动百科作为最热门的在线百科之一，为研究者提供了强大的语料支持。

本小节将讲解一个爬取互动百科最热门的 10 个编程语言页面的摘要信息的实例，通过该实例来加深读者使用 Selenium 爬虫技术的印象，同时更加深入地剖析网络数据爬取的分析技巧。不同于维基百科先爬取词条列表超链接再爬取所需信息、百度百科先输入词条进入相关页面再进行定向爬取，互动百科采用的方法是：设置不同词条的网页 URL，再到该词条的详细界面爬取信息。由于互动百科搜索不同词条对应的超链接存在一定的规律，即采用"常用 URL ＋搜索的词条名"方式进行跳转，所以这里通过该方法设置不同的词条网页。

第一步 调用 Selenium 分析 URL 并搜索互动百科词条

首先分析互动百科搜索词条的一些规则，比如搜索"贵州"，对应的超链接为"http://www.baike.com/wiki/贵州"，对应页面如图 9.16 所示，从图中可以看到顶部的超链接，词条为"贵州"，第一段为"贵州"的摘要信息右边为对应的图片等信息；搜索编程语言"Python"，对应的超链接为"http://www.baike.com/wiki/Python"。由此可以得出一个简单的规则，即"http://www.baike.com/wiki/词条"可以搜索对应的知识，如编程语言"Java"对应的"http://www.baike.com/wiki/Java&prd＝button_doc_entry"。这里定义了搜索方式，就是通过单击"进入词条"按钮进行搜索，省略"prd＝button_doc_entry"参数同样可以得到相同的结果。

第二步 访问热门 Top10 编程语言并爬取其摘要信息

2016 年，Github 根据各编程语言过去 12 个月提交的 PR 数量进行了排名，得出最受欢迎的 Top10 编程语言分别是：JavaScript、Java、Python、Ruby、PHP、C＋＋、CSS、C♯、C 和 GO 语言，如图 9.17 所示。

现在需要分别获取这 10 种编程语言的摘要信息。在浏览器中选中摘要部分，右

图 9.16　互动百科词条分析

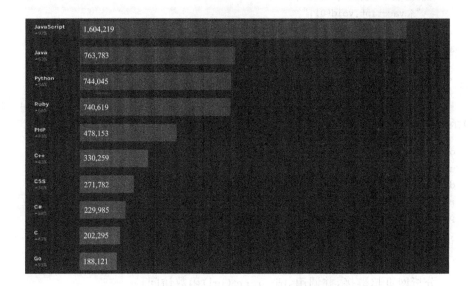

图 9.17　Github 排名前 10 的编程语言

击,在弹出的快捷菜单中选择"审查元素",返回的结果如图 9.18 所示,可以在底部看到摘要部分对应的 HTML 源码。

"Python"词条摘要部分对应的 HTML 核心代码如下:

```
<div class = "summary" name = "anchor" id = "anchor">
```

图 9.18　选择"审查元素"(互动百科)

<p> Python(英语发音:/palθən/),是一种面向对象、解释型计算机程序设计语言,由 Guido van Rossum 于 1989 年发明… </p>　<span> <a action = "editsummaryhref" href = "javascript:void(0);"

　　　　onclick = "editSummary();return false;">

　　编辑摘要

　　</a> </span>

</div>

调用 Selenium 的 find_element_by_xpath("//summary[@class='summary']/p")函数,可以获取摘要段落信息,核心代码如下:

```
driver = webdriver.Firefox()
url = "http://www.baike.com/wiki/" + name
driver.get(url)
elem = driver.find_element_by_xpath("//div[@class='summary']/p")
print elem.text
```

说明:

① 调用 webdriver.Firefox()驱动,打开 Firefox 浏览器;

② 分析网页超链接,并调用 driver.get(url)函数访问;

③ 分析网页 DOM 树结构,调用 driver.find_element_by_xpath()进行分析;

④ 输出结果,部分网站的内容需要存储至本地,并且需要过滤掉不需要的内容等。

下面是完整的代码及详细讲解。

9.4.2　代码实现

完整代码参见 test09_03.py 文件,在主函数 main()中循环调用 getAbstract()

函数爬取 Top10 编程语言的摘要信息。

test09_03. py

```
# coding = utf - 8
# test09_03. py
import os
import codecs
from selenium import webdriver
from selenium. webdriver. common. keys import Keys

driver = webdriver. Firefox()

# 获取摘要信息
def getAbstract(name):
    try:
        # 新建文件夹及文件
        basePathDirectory = "Hudong_Coding"
        if not os. path. exists(basePathDirectory):
            os. makedirs(basePathDirectory)
        baiduFile = os. path. join(basePathDirectory,"HudongSpider. txt")
        # 若文件不存在则新建,若存在则追加写入
        if not os. path. exists(baiduFile):
            info = codecs. open(baiduFile,'w','utf - 8')
        else:
            info = codecs. open(baiduFile,'a','utf - 8')

        url = "http://www. baike. com/wiki/" + name
        print url
        driver. get(url)
        elem = driver. find_element_by_xpath("//div[@class = 'summary']/p")
        print elem. text
        info. writelines(elem. text + '\r\n')

    except Exception,e:
        print "Error: ",e
    finally:
        print '\n'
        info. write('\r\n')

# 主函数
def main():
    languages = ["JavaScript", "Java", "Python", "Ruby", "PHP",
```

```
                              "C++", "CSS", "C#", "C", "GO"]
        print u'开始爬取'
        for lg in languages：
            print lg
            getAbstract(lg)
        print u'结束爬取'


    if __name__ == '__main__'：
        main()
```

其中,"JavaScript"和"Java"编程语言的抓取结果如图 9.19 所示,该段代码爬取了 Top10 编程语言在互动百科中的摘要信息。

JavaScript
http://www.baike.com/wiki/JavaScript
JavaScript一种直译式脚本语言，是一种动态类型、弱类型、基于原型的语言，内置支持类型。它的解释器被称为JavaScript引擎，为浏览器的一部分，广泛用于客户端的脚本语言，最早是在HTML（标准通用标记语言下的一个应用）网页上使用，用来给HTML网页增加动态功能。在1995年时，由Netscape公司的Brendan Eich，在网景导航者浏览器上首次设计实现而成。因为Netscape与Sun合作，Netscape管理层希望它外观看起来像Java，因此取名为JavaScript。但实际上它的语法风格与Self及Scheme较为接近。为了取得技术优势，微软推出了JScript，CEnvi推出ScriptEase，与JavaScript同样可在浏览器上运行。为了统一规格，因为JavaScript兼容于ECMA标准，因此也称为ECMAScript。

Java
http://www.baike.com/wiki/Java
Java是一种可以撰写跨平台应用软件的面向对象的程序设计语言，是由Sun Microsystems公司于1995年5月推出的Java程序设计语言和Java平台（即JavaEE，JavaME，JavaSE）的总称。Java自面世后就非常流行，发展迅速，对C++语言形成了有力冲击。Java技术具有卓越的通用性、高效性、平台移植性和安全性，广泛应用于PC、数据中心、游戏控制台、科学超级计算机、移动电话和互联网，同时拥有全球最大的开发者专业社群。在全球云计算和移动互联网的产业环境下，Java更具备了显著优势和广阔前景。Java是目前世界上流行的计算机编程语言，是一种可以撰写跨平台应用软件的面向对象的程序设计语言。全球有25亿Java器运行着Java，450多万Java开发者活跃在地球的每个角落，数以千万计的Web用户每次上网都亲历Java的威力。

图 9.19　爬取的 Top10 编程语言在互动百科中的摘要信息

9.5　本章小结

在线百科被广泛应用于科研工作、知识图谱和搜索引擎构建、大中小型公司数据集成、Web 2.0 知识库系统中,由于其具有公开、动态、可自由访问和编辑、拥有多语言版本等特点,而深受科研工作者和公司开发人员的喜爱。常见的在线百科包括维基百科、百度百科和互动百科等。本章结合 Selenium 技术分别爬取了维基百科的段落内容、百度百科的消息盒和互动百科的摘要信息,并采用了 3 种分析方法。希望读者通过学习该章节的案例掌握 Selenium 技术爬取网页的方法。

参考文献

［1］胡芳魏. 基于多种数据源的中文知识图谱构建方法研究［D］. 上海：华东理工大学，2014：25-60.

［2］徐溥. 旅游领域知识图谱构建方法的研究和实现［D］. 北京：北京理工大学，2016：7-24.

［3］佚名. 国家 5A 景区［EB/OL］.［2017-10-20］. https：//baike. baidu. com/item/北京故宫.

［4］佚名. Category：G20 nations［EB/OL］.［2017-10-20］ https：//en. wikipedia. org/wiki/Category：G20_nations.

第 10 章

基于数据库存储的 Selenium 博客爬虫

本章将讲述一个基于数据库存储的 Selenium Python 爬虫,用于爬取某博客网站的博客信息,包括博客标题、摘要、阅读量、评论量和作者等,并存储至本地数据库,从而能够更灵活地为用户提供所需数据,同时也为分析人类博客行为模型、热点话题等提供强有力的支撑。

10.1 博客网站

博客(Blogger)的正式名称为网络日记,它是一种网站,通常由个人管理、不定期张贴新的文章。博客已经发展成为社会媒体网络的重要组成部分,博客上的文章通常根据发布时间,以倒序的方式由新到旧排列。一个典型的博客结合了文字、图像、网站链接及与其主题相关的内容,并且能让读者以互动的方式留下意见或发表评论,这些都是博客的重要元素。大部分的博客内容以文字为主,也有一些博客专注在艺术、摄影、视频、音乐、工厂技术等各种主题上。比较著名的博客有新浪、网易、搜狐等,与编程技术相关的博客有 CSDN、博客园、开源中国等。图 10.1 所示为网易博客某一天的首页内容。

随着互联网的飞速发展,个人博客发展得也越来越快,用户可以在互联网上撰写自己感兴趣的文章或专题,包括编程技术、旅游文化、人生感悟、学习课程等。博客作为 Web 2.0 的重要产物,给网络和用户带来了很多便利,其主要功能及特点有:

- 网络日志:这是博客最早、最基本的功能,就是发表个人网络日志。
- 个人文集:把自己写的文章按照一定的时间顺序、目录或者标签发表到自己的博客上。
- 个性展示:博客是完全以个人为中心的展示,每个人的博客都是不同的,从博客中可以看出每个人的个性。

图 10.1 网易博客

- 结交博友:通过博客及博客文章可以结交到很多志同道合的博友。
- 提高个人影响力:博客是一个很好的自我展示和互动交流的平台,通过这个平台可以在博友之间提高自己的影响力。

同时,博客会产生各种丰富的数据集,这些数据集将被广泛应用于科研工作中。图 10.2 所示是作者结合人类动力学行为知识分析博客语料所得到的结果。

图 10.2 中的 x 轴表示一位作者发表两篇博客之间的时间差,y 轴表示 x 时间差期间发表的博客数。按照月份、天数、小时、分钟的时间间隔,分别对应图中 4 种形状的散点图,即方块、圆点、小星、加号,通过对比这 4 种时间间隔分布,发现博客的发布规律是符合人类作息规律的。

本章主要讲解如何利用 Selenium 爬取 CSDN 技术类博客数据,那么 CSDN (Chinese Software Developer Network)是一个什么样的博客网站呢?

CSDN 创立于 1999 年,是中国最大的 IT 社区和服务平台,为中国的 IT 从业者提供知识传播、职业发展、软件开发等全生命周期服务,满足他们在职业发展中学习及共享知识和信息、建立职业发展社交圈、通过软件开发实现技术商业化等的刚性需求。CSDN 拥有超过 3 000 万的注册会员(其中活跃会员 800 万)、50 万注册企业及合作伙伴,旗下拥有全球最大中文 IT 技术社区、权威 IT 专业技术期刊《程序员》、IT 技术学习平台乐知教育、代码托管和社交编程平台 code 等。

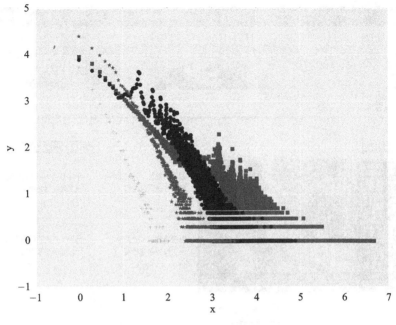

图 10.2　人类行为分析

10.2　Selenium 爬取博客信息

下面将详细讲解如何利用 Selenium 技术爬取博客网站的信息并存储至本地数据库,该方法与第 7 章调用 BeautifulSoup 扩展库爬取智联招聘网站类似,核心步骤如下:

① 分析网页超链接的搜索规则,并探索分页查找的跳转方法;

② 分析网页 DOM 树结构,确定 Selenium 定位所需信息的代码;

③ 调用 Navicat for MySQL 工具操作数据库,包括创建数据库、创建表等;

④ 编写 Python 操作 MySQL 数据库的代码,将数据存储至本地。

10.2.1　Forbidden 错误

本小节主要介绍如何爬取作者自己的 CSDN 博客信息,让读者学会分析网页 DOM 结构的方法。

首先打开博客地址,如 http://blog.csdn.net/Eastmount(见图 10.3),可以看到很多条博客信息,它们的布局存在一定的规律,比如标题在第一行、摘要在中间、时间和评论数在右下角等。

如果读者采用前面介绍的 BeautifulSoup 技术进行定位爬取,则会提示"HTTPError:Forbidden"错误,这是常见的服务器拒绝访问的 403 错误。这是由于 CS-

图 10.3　CSDN 博客主页

DN 网站服务器识别了该爬虫，同时禁止该爬虫获取数据或设置防御措施。这种
"403 错误"表示资源不可用，服务器理解客户的请求，但拒绝处理或响应它，通常是
由于服务器上的文件或目录的权限设置而导致的 Web 访问错误。

　　那么该如何解决呢？由于使用浏览器是可以正常访问该网页的，因此可以将爬
虫伪装成浏览器。这里给爬虫代码加上消息头 User-Agent 信息，CSDN 网站服务器
捕获该消息头信息后，会认为此次访问是用户正常的浏览操作，从而反馈数据。而获
取 User-Agent 信息可以借助浏览器实现，打开相应网页，然后右击，在弹出的快捷菜
单中选择"审查元素"，在 Network 选项卡中就可以找到。下述代码实现的功能是给
维基百科爬虫增加消息头。

```python
from urllib.request import urlopen
from bs4 import BeautifulSoup
import urllib.error

try:
    url = 'http://en.wikipedia.org/wiki/Python'
    headers = ('User-Agent', 'Mozilla/5.0 (Windows NT 6.1; WOW64) AppleWebKit/537.36
    (KHTML, like Gecko) Chrome/45.0.2454.101 Safari/537.36')
    opener = urllib.request.build_opener()
    opener.addheaders = [headers]
    html = opener.open(url)
    bs = BeautifulSoup(html, 'html.parser')
    for link in bs.findAll('a'):
        if 'href' in link.attrs:
```

```
                print(link.attrs['href'])
    except urllib.error.HTTPError as reason:
        print(reason)
```

但是这里将使用 Selenium 技术实现爬取 CSDN 网站的博客内容,因为它能够模拟浏览器,就像真实用户一样操作浏览器,从而"期骗"网站服务器,实现定位和爬取相关网页。

10.2.2　分析博客网站翻页方法

访问博客地址 http://blog.csdn.net/Eastmount,可以看到很多条博客信息,如图 10.4 所示,网页底部显示了页码超链接,共 18 页,264 条博客信息。

图 10.4　CSDN 博客信息

首先需要获取 Eastmount 博主博客的总页码数"18",然后再定义一个循环分别爬取每页下的所有博客信息。右击"264 条 共 18 页",在弹出的快捷菜单中选择"审查元素"后返回对应的 HTML 源码,如图 10.5 所示。

核心代码如下:

```
<div id = "pagelist" class = "pagelist">
    <span> 264 条 共 18 页 </span>
    <strong> </strong>
    <a href = "/Eastmount/article/list/2"> 2 </a>
    <a href = "/Eastmount/article/list/3"> 3 </a> …
</div>
```

获取总页码是通过 getPage()函数实现的。通过定位 id 为"pagelist"的 div 布

图 10.5　"264 条 共 18 页"对应的 HTML 源码

局,获取"264 条 共 18 页"字符串,然后再使用正则表达式获取该字符串的第二个数字,代码如下:

```
#获取博主的博客页面低端总页码
def getPage():
    print 'getPage'
    number = 0
    texts = driver.find_element_by_xpath("//div[@id = 'papelist']").text
    m = re.findall(r'(\w * [0 - 9] + )\w * ',texts)       #正则表达式寻找数字
    print '页数:' + str(m[1])
    return int(m[1])
    #页数:18
```

读者可能已经发现,当翻页时,对应的 URL 是按照一定的规律变化的,如第 4 页的网址为 http://blog.csdn.net/Eastmount/article/list/2,其 URL 是以"主页超链接+/article/list/+数字"的规律变化的,如图 10.6 所示。

图 10.6　博客的第 2 页界面

这里的翻页功能采用 URL 拼接的方法,故只需要:

① 获取总页码,共 18 页;

② 分别爬取每页的博客信息;

③ URL 拼接跳转,设置循环翻页;

④ 执行②和③,直至爬取结束。

10.2.3 DOM 树节点分析及网页爬取

在浏览器中选中某篇博客信息,右击,在弹出的快捷菜单中选择"审查元素",出现如图 10.7 所示的源码,每篇文章都是由 <div> 和 </div> 组成的。

图 10.7 选择"审查元素"后出现的源码

假设定位《Java+MyEclipse+Tomcat(六)详解 Servlet 和 DAO 数据库增删改查操作》文章的 HTML 源码,如图 10.8 所示。现需要爬取博客标题、摘要、发布时间、阅读次数和评论次数信息,可通过 find_element_by_xpath()函数来定位 class 属性为"article_title"的 driver 标题布局,其他节点的定位方法与此类似,核心代码如下:

```
# 标题
article_title = driver.find_elements_by_xpath("//div[@class = 'article_title']")
for title in article_title:
    con = title.text
    con = con.strip("\n")
    print con + '\n'

# 摘要
article_description = driver.find_elements_by_xpath("//div[@class = 'article_
description']")
for description in article_description:
    con = description.text
    con = con.strip("\n")
```

[置顶] Java+MyEclipse+Tomcat（六）详解Servlet和DAO数据库增删改查操作

此篇文章主要讲述DAO、Java Bean和Servlet实现操作数据库，把链接数据库、数据库操作、前端界面显示分模块化实现。其中包括数据的CRUD增删改查操作，并通过一个常用的JSP网站前端模板界面进行描述。这篇文章可以认为是对前面五篇文章的一系列总结和应用，同时我认为理解该篇文章基本就能简单实现一个基于数据库操作的JSP网站，对你的课程项目或毕设有所帮助！但同时没有涉及事务、触发器、存储过程、并发处理等数据库知识，也没有Struts、Hibernate、Spring框架知识，它还是属于基础性文章吧！希望 ……

图 10.8　博客文章及其 HTML 源码

```
print con + '\n'
```

信息
```
article_manage = driver.find_elements_by_xpath("//div[@class = 'article_manage']")
for manage in article_manage:
    con = manage.text
    con = con.strip("\n")
    print con + '\n'


num = 0
print u' 长度 ', len(article_title)
while num <len(article_title):
    Artitle = article_title[num].text
    Description = article_description[num].text
    Manage = article_manage[num].text
    print Artitle, Description, Manage
```

注意：在 while 循环中同时获取标题、摘要、信息（含发布时间、阅读次数、评论次数）3 个值，它们是一一对应的。但是获取的信息如"2015 – 09 – 08 18：06　阅读（909）评论（0）"，同时包含发布时间、阅读次数、评论次数，所以还需要通过正则表达

式和字符串处理进行简单的分离,提取对应的值。具体方法如下:

① 获取博主的姓名,可以通过获取 URL 的最后一个参数得到,代码如下:

```
#获取博主姓名
url = "http://blog.csdn.net/Eastmount"
print url.split('/')[-1]
#输出:Eastmount
```

② 返回的信息 Manage 是"2015 - 09 - 08 18:06 阅读(909) 评论(0)",利用正则表达式获取的倒数第二个数字即为阅读数,代码如下:

```
#获取数字
name = "2015 - 09 - 08 18:06  阅读(909)  评论(0)"
print name
import re
mode = re.compile(r'\d + \.? \d * ')
print mode.findall(name)
#输出:['2015', '09', '08', '18', '06', '909', '0']
print mode.findall(name)[-2]
#输出:909
```

③ 获取"2015 - 09 - 08 18:06 阅读(909) 评论(0)"字符串的时间,使用字符串拼接方法,同时利用 time.strptime()函数标准化日期和时间,代码如下:

```
#获取时间
end = name.find(r' 阅读 ')
print name[:end]
#输出:2015 - 09 - 08 18:06
import time, datetime
a = time.strptime(name[:end],'%Y - %m - %d %H:%M')
print a
# time.struct_time(tm_year = 2015, tm_mon = 9, tm_mday = 8, tm_hour = 18, tm_min = 6,
tm_sec = 0, tm_wday = 1, tm_yday = 251, tm_isdst = - 1)
```

至此,如何调用 Selenium 技术分析 CSDN 博客网站的信息、定位节点及爬取所需知识已讲解完。

10.3 MySQL 数据库存储博客信息

数据库方面主要利用 MySQL 数据库在本地创建一张表,该表主要用于存储博客信息。结合前面分析 CSDN 博客的信息,该表主要包括以下字段:序号、博客标题、摘要、发布时间、阅读数、评论数、博客超链接、博客作者、点赞数和其他,如表 10.1 所列。其中,点赞数也是衡量一篇文章的重要标准,但是其无法从首页中直接获取,这里只是设置了该字段,但并未爬取该数据。

表 10.1　博客数据库信息表结构

字段名	含　义	类　型	长　度	约　束
ID	序号	int	11	主键,自动递增
URL	博客超链接	varchar	100	—
Author	博客作者	varchar	50	—
Artitle	博客标题	varchar	100	—
Description	摘要	varchar	400	—
Manage	其他	varchar	100	—
FBTime	发布时间	datetime	0	—
YDNum	阅读数	int	11	—
PLNum	评论数	int	11	—
DZNum	点赞数	int	11	—

10.3.1　Navicat for MySQL 创建表

第一步,创建一个数据库,名称为 csdn,使用的 SQL 语句如下:

```
create database csdn;
```

第二步,创建一张 csdn 表,用于存储爬取的博客信息。可以采用下面的 SQL 语句创建,也可以采用 Navicat for MySQL 软件的图形界面进行创建。

```
CREATE TABLE `csdn` (
  `ID` int(11) NOT NULL AUTO_INCREMENT,
  `URL` varchar(100) COLLATE utf8_bin DEFAULT NULL,
  `Author` varchar(50) COLLATE utf8_bin DEFAULT NULL COMMENT '博客作者',
  `Artitle` varchar(100) COLLATE utf8_bin DEFAULT NULL COMMENT '博客标题',
  `Description` varchar(400) COLLATE utf8_bin DEFAULT NULL COMMENT '摘要',
  `Manage` varchar(100) COLLATE utf8_bin DEFAULT NULL COMMENT '其他',
  `FBTime` datetime DEFAULT NULL COMMENT '发布时间',
  `YDNum` int(11) DEFAULT NULL COMMENT '阅读数',
  `PLNum` int(11) DEFAULT NULL COMMENT '评论数',
  `DZNum` int(11) DEFAULT NULL COMMENT '点赞数',
  PRIMARY KEY (`ID`)
) ENGINE = InnoDB AUTO_INCREMENT = 9371 DEFAULT CHARSET = utf8 COLLATE = utf8_bin;
```

使用 Navicat for MySQL 软件显示表,如图 10.9 所示。

图 10.10 所示为爬取的 Eastmount 博主博客的信息,存储至本地 MySQL 数据库中,可以看到爬取的内容包括 ID、URL、Author、Artitle 和 Description 等。

图 10.9　创建的 csdn 表

图 10.10　存储的博客信息

10.3.2　Python 操作 MySQL 数据库

本小节将介绍连接数据库并向 csdn 表插入数据的示例,步骤如下:

① 导入 MySQLdb 库函数,调用 connect()函数连接数据库,其主机为本地"localhost",用户为"root",默认密码为"123456",端口为"3306",数据库名为"csdn"。

② 设置 SQL 语句,这里插入数据主要使用 insert 语句,比如插入第一篇博客信息。代码为"insert into csdn(ID,URL,Author,Artitle,YDNum,PLNum) values(%s, %s, %s, %s, %s, %s)"。

③ 调用 cur.execute()函数执行 SQL 语句,执行插入数据操作。

④ 执行 select 查询语句,并调用 fetchall()函数循环获取数据输出。

⑤ 将整个数据库操作代码置于 try-except 中,用于捕获异常。

具体代码如下:

test10_01.py

```
# coding:utf-8
import MySQLdb


try:
    conn = MySQLdb.connect(host = 'localhost',user = 'root',
                           passwd = '123456',port = 3306, db = 'csdn')
    cur = conn.cursor()

    #插入数据
    sql  = '''insert into csdn(ID,URL,Author,Artitle,YDNum,PLNum)
              values(%s, %s, %s, %s, %s, %s)'''
    cur.execute(sql, ('1','www.blog.csdn.net', '杨秀璋',
                      '这是第一篇博客','100','2'))
    cur.execute(sql, ('2','www.blog.csdn.net', '颜娜',
                      '这是第二篇博客','200','3'))

    #查看数据
    print u'\n插入数据:'
    cur.execute('select * from csdn')
    for data in cur.fetchall():
        print '%s %s %s %s %s %s %s %s %s %s %s' % data
    cur.close()
    conn.commit()
    conn.close()
except MySQLdb.Error,e:
    print "Mysql Error %d: %s" % (e.args[0], e.args[1])
```

运行结果如图 10.11 所示。

同样打开 Navicat for MySQL 软件可以查看插入的两行数据,如图 10.12 所示。

注意:当插入数据库时会涉及中文编码方式的设置,这里推荐大家统一采用 utf-8 编码方式。在 Python 操作 MySQL 数据库时,通过下述代码进行设置,否则会报

```
>>>
插入数据：
1 www.blog.csdn.net 杨秀璋 这是第一篇博客 None None None 100 2 None
2 www.blog.csdn.net 颜娜 这是第二篇博客 None None None 200 3 None
>>>
```

图 10.11   运行结果

图 10.12   插入的两行数据

错"UnicodeEncodeError：'latin‐1' codec can't encode character"。

```
conn.set_character_set('utf8')
cur.execute('SET NAMES utf8;')
cur.execute('SET CHARACTER SET utf8;')
cur.execute('SET character_set_connection = utf8;')
```

接下来结合爬虫将数据集爬取后赋值给变量,再调用 MySQLdb 库中的函数插入到本地 csdn 数据库中。

10.3.3   代码实现

完整代码参照 test10_02.py 文件,用于爬取"eastmount"博主的博客信息。

test10_02.py

```
# coding = utf‐8
from selenium import webdriver
from selenium.webdriver.common.keys import Keys
import selenium.webdriver.support.ui as ui
import re
import time
import os
import codecs
import MySQLdb

#打开 Firefox 浏览器,设定等待加载时间
driver = webdriver.Firefox()
wait = ui.WebDriverWait(driver,10)
```

```
＃函数:获取博主的博客页面低端总页码
def getPage():
    print 'getPage'
    number = 0
    texts = driver.find_element_by_xpath("//div[@id = 'papelist']").text
    print '页码 ', texts
    m = re.findall(r'(\w * [0 - 9] + )\w * ',texts)        ＃正则表达式寻找数字
    print '页数:' + str(m[1])
    return int(m[1])


＃主函数
def main():
    url = "http://blog.csdn.net/Eastmount"
    driver.get(url)
    allPage = getPage()                                    ＃获取总页码
    print u'页码总数为:', allPage
    time.sleep(1)

    ＃数据库操作结合
    try:
        conn = MySQLdb.connect(host = 'localhost',user = 'root',
                            passwd = '123456',port = 3306, db = 'csdn')
        cur = conn.cursor()                                ＃数据库游标

        ＃设置中文编码方式
        conn.set_character_set('utf8')
        cur.execute('SET NAMES utf8;')
        cur.execute('SET CHARACTER SET utf8;')
        cur.execute('SET character_set_connection = utf8;')

        ＃爬取具体内容
        m = 1
        while m <= allPage:                                ＃页码
            ur = url + "/article/list/" + str(m)
            print ur
            driver.get(ur)

            ＃博客标题
            article_title = driver.find_elements_by_xpath("//div[@class = 'article_
            title']")
            for title in article_title:
                con = title.text
                con = con.strip("\n")
            ＃摘要
            article_description =
            driver.find_elements_by_xpath("//div[@class = 'article_description']")
            for description in article_description:
```

```
        con = description.text
        con = con.strip("\n")
    #其他
    article_manage =
    driver.find_elements_by_xpath("//div[@class = 'article_manage']")
    for manage in article_manage:
        con = manage.text
        con = con.strip("\n")

    num = 0
    print u'长度', len(article_title)
    while num <len(article_title):
        #插入数据
        sql = "'insert into csdn
            (URL,Author,Artitle,Description,Manage,FBTime,YDNum,PLNum)
            values(%s, %s, %s, %s, %s, %s, %s, %s)"'
        Artitle = article_title[num].text
        Description = article_description[num].text
        Manage = article_manage[num].text
        print Artitle
        print Description
        print Manage
        #获取博客作者
        Author = url.split('/')[-1]
        #获取阅读数和评论数
        mode = re.compile(r'\d+\.?\d*')
        YDNum = mode.findall(Manage)[-2]
        PLNum = mode.findall(Manage)[-1]
        print YDNum
        print PLNum
        #获取发布时间
        end = Manage.find(u'阅读')
        FBTime = Manage[:end]
        print FBTime

        cur.execute(sql, (url, Author, Artitle, Description, Manage,FBTime,
                    YDNum,PLNum))
        num = num + 1
    else:
        print u'数据库插入成功'
    m = m + 1

#异常处理
except MySQLdb.Error,e:
    print "Mysql Error %d: %s" % (e.args[0], e.args[1])
finally:
    cur.close()
```

```
        conn.commit()
        conn.close()

main()
```

运行上述代码后,程序会自动打开 Firefox 浏览器并输入 Eastmount 博主的博客网址,如图 10.13 所示。

图 10.13　打开 Firefox 浏览器

运行过程中爬取的内容如图 10.14 所示,包括标题、摘要、时间、阅读数和评论数等。

图 10.14　爬取的内容

将爬取的信息存储至 MySQL 数据库的 csdn 表中,如图 10.15 所示。

图 10.15　存储了爬取信息的 csdn 表

至此,使用 Selenium 爬取博客内容并存储至本地 MySQL 数据库的内容已讲述完,希望读者能够自行验证文中出现的代码。如果在做数据分析的过程中,爬取的是多个博主的博客信息,而不是某一博主的博客信息,那该怎么实现呢?其实也很简单,读者只需要设计一个 TXT 文件,用于存储多个博主的博客网站超链接,然后依次调用上面的代码进行循环爬取即可。图 10.16 所示是部分博主博客信息的超链接。

Blog_Url.txt - 记事本
文件(F) 编辑(E) 格式(O) 查看(V) 帮助(H)

```
http://blog.csdn.net/yuanmeng001
http://blog.csdn.net/caimouse
http://blog.csdn.net/zhangchen124
http://blog.csdn.net/K346K346
http://blog.csdn.net/lfdfhl
http://blog.csdn.net/q383965374
http://blog.csdn.net/mydo
http://blog.csdn.net/morixinguan
http://blog.csdn.net/you23hai45
http://blog.csdn.net/xunzaosiyecao
http://blog.csdn.net/xiangzhihong8
```

图 10.16　部分博主博客信息的超链接

上述代码的主函数可以简单修改为

```
def main():
    #获取 TXT 文件的总行数
    count = len(open("Blog_URL.txt",'rU').readlines())
    n = 0
    urlfile = open("Blog_URL.txt",'r')
    #循环获取每个博主的文章摘要信息
    while n <count:
        url = urlfile.readline()
        url = url.strip("\n")
        print url
        driver.get(url)
        ...
```

　　而这些博主的博客网址从哪里获取呢？通常，有些网站会设置比如"专家""热门博主"等内容的页面，读者可以爬取该界面来获取所有博主对应博客的超链接。如果没有这样的页面，则需要通过深度优先搜索算法或广度优先搜索算法进行查找，并把重复的博主超链接删除，从而得到一个记录博主博客超链接的 TXT 文件。图 10.17所示为 CSDN 博客专家的名单页面，通过这个名单页面就可以爬取多个博主的博客信息了。

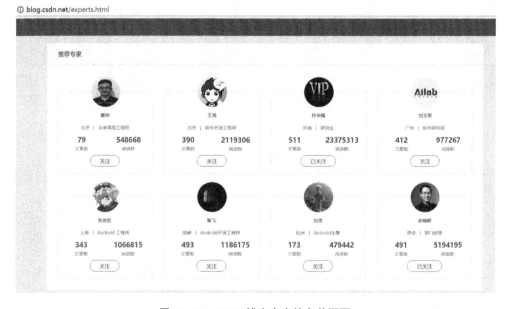

图 10.17　CSDN 博客专家的名单页面

10.4　本章小结

　　网络爬虫是使用技术手段批量获取网站信息的一种方法,而网络反爬虫是使用一定技术手段阻止爬虫批量获取网站信息的方法。在爬取数据时往往会遇到各种各样的拦截,比如常见的"403 Forbidden"错误,它表示服务器已经识别出爬虫并拒绝处理用户的请求。当使用 BeautifulSoup 技术爬取 CSDN 博客时,得到的反馈就是"HTTPError:Forbidden"错误,此时可以在爬虫代码中添加 Headers 的 User-Agent 值实现正常抓取;而本章使用的是另一种方法,通过 Selenium 技术调用 Firefox 浏览器来实现网站爬取,并将爬取的数据存储至 MySQL 数据库中。同时,当同一网站短时间内被访问多次或同一账号短时间内进行多次相同的操作时,也常常会被网站反爬虫拦截,比如微博、淘宝等。这时可以通过 IP 代理或 PhantomJS 解决,它们都是破解反爬虫的利器。希望读者认真实现本章的代码,学会识别网站的拦截,并通过 Selenium 技术爬取自己所需的数据并存储至数据库中。

第 11 章
基于登录分析的 Selenium 微博爬虫

    Python 在编写网络爬虫的过程中,通常会遇到需要登录验证才能爬取数据的情况,比如 QQ 空间数据、新浪微博数据、邮箱等。如果不登录验证,则有的网站只能爬取首页数据,甚至很多网站是无法爬取的。同时,随着社交网络变得越来越热门,它们所带来的海量数据也越来越有应用价值,常常被用于舆情分析、文本分析、推荐系统等领域。本章主要介绍基于登录验证的 Selenium 技术,同时讲解 Selenium 爬取微博数据的实例,这是一个很不错的应用实例,希望对读者有所帮助。

11.1　登录验证

    目前,很多网站都有一个登录验证的页面,这一方面提高了网站的安全性,另一方面根据用户权限的不同,可以对网站信息进行差异性管理和调度。比如,百度登录验证页面(见图 11.1),需要输入用户名、密码以及验证码。那么,如果用户想要的数据需要登录之后才能爬取,甚至需要输入验证码才能爬取,那么该怎么解决呢?

    Python 爬虫解决登录验证的方法有很多,常见的包括设置登录时的消息头、模拟登录、绕过登录界面等,本节主要结合 Selenium 技术来讲解登录验证的方法。

    由于 Selenium 被应用于爬虫的同时,也被广泛应用于网站自动化测试,它可以自动操控键盘和鼠标来模拟单击操作,所以,这里采用该技术来模拟登录,其基础知识详见 8.5 节。

    但是,有的网站登录验证很难,如图 11.2 所示的虎扑网登录页面,输入用户名和密码后需要移动方块到正确位置才能登录。

    假设现在需要编写 Python 代码来实现自动登录 163 邮箱的功能,只有登录后才能爬取邮箱的接收、发送邮件情况,从而进行相关的数据分析实验。

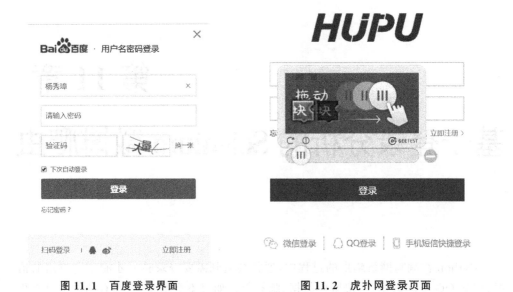

图 11.1　百度登录界面　　　　　　　图 11.2　虎扑网登录页面

第一步　定位元素

首先访问 163 网站,定位登录用户名、密码等元素。通常右击"邮箱账号登录"界面中的第一个文本框,在弹出的快捷菜单中选择"审查元素"即可定位,如图 11.3 所示。

图 11.3　定位 163 邮箱

其中,需要定位的元素源码为"＜input name＝"email""＞和"＜input name＝"

password">",分别对应用户名和密码。

第二步　打开 Firefox 浏览器

调用"driver = webdriver.Firefox()"定义 Firefox 浏览器的驱动,然后通过
driver.get("http://mail.163.com/")函数在浏览器中打开 163 邮箱网址。

第三步　利用 Selenium 获取元素

通过 Selenium 调用 find_element_by_name()或 find_element_by_path()函数
定位 163 邮箱登录用户名和密码对应的元素,再通过 send_keys()函数输入正确的用
户名和密码。核心代码如下:

```
elem_user = driver.find_element_by_name("email")
elem_user.send_keys("eastmount")
elem_pwd = driver.find_element_by_name("password")
elem_pwd.send_keys("123456")
```

第四步　设置暂停输入验证码并登录

如果该网站需要输入验证码,则需要调用 time.sleep(4)设置暂停时间 4 s,并手
动输入验证码等待自动登录。登录之后就可以获取所需要的数据了。

完整代码如下:

test11_01.py

```
# coding = utf - 8
from selenium import webdriver
from selenium.webdriver.common.keys import Keys
import time

#模拟登录 163 邮箱
driver = webdriver.Firefox()
driver.get("http://mail.163.com/")

#用户名,密码
elem_user = driver.find_element_by_name("email")
elem_user.send_keys("eastmount")
elem_pwd = driver.find_element_by_name("password")
elem_pwd.send_keys("123456")
elem_pwd.send_keys(Keys.RETURN)
time.sleep(4)
driver.close()
driver.quit()
```

但是,此时会发现仍然不能登录,甚至会报错。这是由于很多网站的登录页面都

是动态加载的,我们无法捕获其 HTML 节点,Selenium 也无法定位该节点,所以无法实施后续操作。同时,开发网站的程序员为了防止他人的恶意攻击或爬取,通常会不定期地修改网站的 HTML 源码。但是,这种思想已经提供给大家了,希望大家不断完善,以爬取自己所需的数据。

11.2　初识微博爬虫

11.2.1　微　博

微博(Weibo),即微型博客(MicroBlog)的简称,也是博客的一种,是一种通过关注机制分享简短实时信息的广播式社交网络平台,是一种基于用户关系信息分享、传播以及获取的平台。用户可以通过 Web、WAP 等各种客户端组建个人社区,以简短的文字更新信息,并实现即时分享。

微博作为一种分享和交流平台,其更注重时效性和随意性,更能表达出每时每刻使用自己的思想和最新动态,而博客则更偏重于梳理自己在一段时间内的所见、所闻、所感。常见的微博包括新浪微博、腾讯微博、网易微博、搜狐微博等,若没有特别说明,微博是指新浪微博。

新浪微博计算端的官方地址为 https://weibo.com/,登录后的界面如图 11.4 所示,可以看到热门微博、特别关注的微博、动态信息等。每条微博都通常包括用户名、发布时间、微博内容、阅读量、评论数和点赞数等内容。

图 11.4　新浪微博登录后的界面

当用户单击个人信息时,可以查看个人资料、基本信息、所关注的明星或自己的粉丝,这些信息在做社交网络分析、舆情分析、图谱关系分析、微博用户画像时都能提供很大的价值。

11.2.2　登录入口

为什么需要登录呢?因为如果不登录,新浪微博中的很多数据是不能获取或访问的,如微博的粉丝列表、个人信息等,当单击这些超链接时就会自动跳转到登录界面,这是开发者对微博进行的保护措施。同时,软件公司通常会提供 API 接口让开发者访问微博数据或进行操作,但这里使用 Selenium 模拟浏览器操作进行登录验证。

首先需要找到微博登录入口。打开网址"https://weibo.com/",显示如图 11.5 所示的首页,其右边就是登录的地方。但是,由于该网址采取了 HTTPS 验证,使其安全系数较高,另外,动态加载登录按钮使得我们无法使用 Selenium 进行定位,所以需要寻找新的登录入口。

图 11.5　新浪微博首页

新浪微博主要有两个接口,分别如下:

1. 新浪微博常用登录入口

新浪微博常用登录入口的网址为 http://login. sina. com. cn/(见图 11.6),对应主界面的网址为 https://weibo. com/;也可打开 https://login. sina. com. cn/sign-up/signin. php 网址进行登录。

2. 新浪微博手机端登录入口

新浪微博移动端存储的是手机微博 APP 的数据,其数据更为精炼、图片更小、加载速度更快,适合手机端实时访问,其入口地址为 http://weibo. cn/或 https://wei-

图 11.6　新浪微博常用登录入口

bo.cn/pub/。图 11.7 所示为新浪微博手机端的主页面,可以看到信息非常简练。

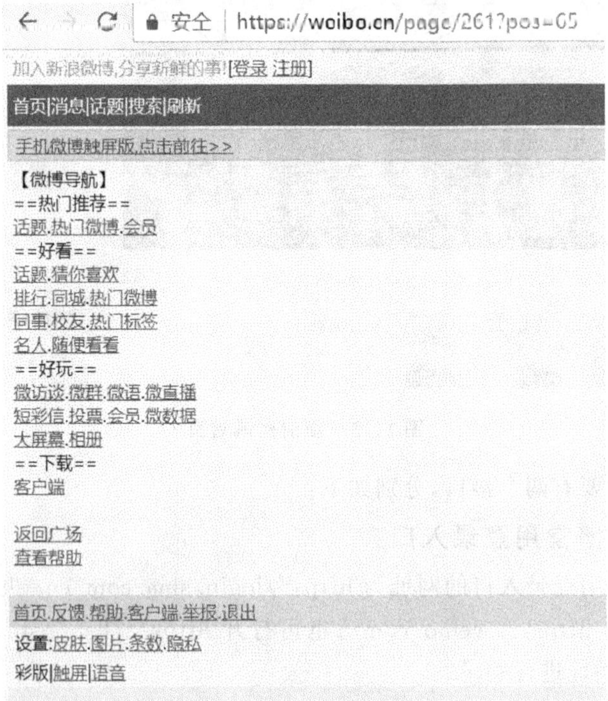

图 11.7　新浪微博手机端主页面

接下来开始讲解如何自动登录微博,如何爬取热门话题、某个人的微博信息等内容。

11.2.3　微博自动登录

　　首先,通过浏览器访问微博登录的网址(https://login. sina. com. cn/signup/ signin. php),然后利用"审查元素"定位"登录名"文本框、"密码"文本框和"登录"按钮的位置,如图 11.8 所示。

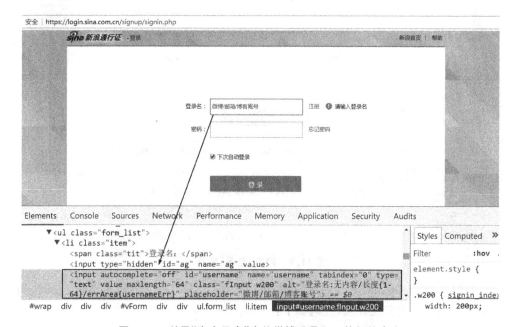

图 11.8　利用"审查元素"定位微博登录入口的相关内容

　　由图 11.8 可以看到"登录名"文本框对应的 HTML 源码如下:

```
<input autocomplete = "off" id = "username" name = "username" tabindex = "0" type = "
text" value = "" maxlength = "64" class = "fInput w200" alt = "登录名:无内容/长度{1 -
64}/errArea{usernameErr}" placeholder = "微博/邮箱/博客账号">
```

　　我们可以定位 id 属性为"username"、name 属性为"username"的节点,找到"登录名"文本框,或者通过定位"<li class＝"item">"路径下的第二个 input 节点实现。这里使用 Selenium 库的相关函数定位该节点,核心代码如下:

```
elem_user = driver.find_element_by_name("username")
elem_user.send_keys("登录名")
```

　　同理,我们接着定位"密码"文本框的 HTML 源码,如下:

```
<input id = "password" name = "password" type = "password" tabindex = "1"
maxlength = "32" alt = "密码:无内容/errArea{passwordErr}" class = "fInput w200"
value = "">
```

通过 find_element_by_name()函数定位,代码如下:

```
elem_pwd = driver.find_element_by_name("password")
elem_pwd.send_keys("密码")
```

定位"登录"按钮的 HTML 源码如图 11.9 所示。

图 11.9 微博"登录"按钮

调用 find_element_by_xpath()函数可以定位"登录"按钮节点,再调用 click()函数单击"登录"按钮实现登录,代码如下:

```
elem_sub = driver.find_element_by_xpath("//input[@class = 'W_btn_a btn_34px']")
elem_sub.click()        #单击登录
```

同时,可以采用按回车键登录的方式,即 elem_pwd. send_keys(Keys. RE-TURN)。最后给出了利用 Selenium 技术自动登录新浪博客的完整代码,输入用户名"eastmount"和密码"123456"后单击登录。

test11_02. py

```
# coding = utf - 8
from selenium import webdriver
from selenium.webdriver.common.keys import Keys
import time

#模拟登录
driver = webdriver.Firefox()
driver.get("https://login.sina.com.cn/signup/signin.php")
#用户名,密码
elem_user = driver.find_element_by_name("username")
```

```
elem_user.send_keys("eastmount")
elem_pwd = driver.find_element_by_name("password")
elem_pwd.send_keys("123456")
elem_pwd.send_keys(Keys.RETURN)
time.sleep(20)
elem_sub = driver.find_element_by_xpath("//input[@class = 'W_btn_a btn_34px']")
elem_sub.click()                 #单击登录

print u'登录成功'
#driver.close()
#driver.quit()
```

注意：由于微博登录时需要输入验证码，而验证码是在单击"登录"按钮之后才能看到的，所以作者在自动输入密码"123456"后紧接着按回车键，弹出验证码提示，然后用 time.sleep(20) 函数设置暂停 20 s，并人为地输入验证码，方能成功登录微博。图 11.10 所示为输入验证码的过程。

图 11.10　手动输入验证码

输入验证码之后捕获"登录"按钮，并调用 click() 函数单击按钮，登录成功的页面如图 11.11 所示。

图 11.11 登录成功的页面

11.3 爬取微博热门信息

如果想用 Python 爬取微博某个主题的数据那该怎么实现呢？下面进行简单讲解。

11.3.1 搜索所需的微博主题

在登录微博之后,页面中心顶部会出现一个微博搜索文本框,用于关键字的微博搜索。选中该文本框,通过浏览器审查元素功能可以定位它的 HTML 源码,如图 11.12 所示,可以看到其位于" <input id="search_input"> "位置。

接着采用 driver.find_element_by_xpath()函数定位搜索文本框的位置,核心代码如下:

```
elem_topic = driver.find_element_by_xpath("//input[@id = 'search_input']")
elem_topic.send_keys("python")
elem_topic.send_keys(Keys.RETURN)
```

这里作者采用另一种方法输入关键字并搜索微博主题,即访问"微博搜索"页面(网址为 http://s.weibo.com/),如图 11.13 所示,再输入关键字进行搜索。

定位图 11.13 中搜索文本框的 HTML 源码如下:

图 11.12　定位微博搜索文本框

图 11.13　"微博搜索"页面

```
<input autocomplete = "off" class = "searchInp_form" node - type = "text" maxlength = "
40" type = "text">
```

调用 find_element_by_xpath()函数定位搜索文本框,核心代码如下:

```
elem_topic = driver.find_element_by_xpath("//input[@class = 'searchInp_form']")
elem_topic.send_keys("python")
elem_topic.send_keys(Keys.RETURN)
```

该部分代码采用定义子函数的形式实现,包括 LoginWeibo(username,pass-

233

word)微博登录函数和 SearchWeibo(topic)搜索主题函数,完整代码见 test11_03. py
文件。

test11_03. py

```
# coding = utf - 8
from selenium import webdriver
from selenium. webdriver. common. keys import Keys
import time

#打开浏览器
driver = webdriver.Firefox()

#登录函数
def LoginWeibo(username, password):
    print u'准备登录微博'
    driver.get("https://login.sina.com.cn/signup/signin.php")
    #用户名,密码
    elem_user = driver.find_element_by_name("username")
    elem_user.send_keys(username)
    elem_pwd = driver.find_element_by_name("password")
    elem_pwd.send_keys(password)
    elem_pwd.send_keys(Keys.RETURN)
    time.sleep(20)
    elem_sub = driver.find_element_by_xpath("//input[@class = 'W_btn_a btn_34px']")
    elem_sub.click()                         #单击登录
    print u'登录成功'

#搜索主题函数
def SearchWeibo(topic):
    try:
        #访问"微博搜索"页面
        driver.get("http://s.weibo.com/")

        #按回车键搜索主题
        elem_topic = driver.find_element_by_xpath("//input[@class = 'searchInp_form']")
        elem_topic.send_keys(topic)
        elem_topic.send_keys(Keys.RETURN)
        time.sleep(5)

    except Exception,e:
        print "Error: ",e
```

```
finally:
    print u'爬取结束\n'


#主函数
if __name__ == '__main__':
    #定义用户名和密码
    username = '842533144@qq.com'
    password = 'Yn975312'
    topic = "python"
    #调用函数登录微博
    LoginWeibo(username, password)
    #调用函数搜索热门主题
    SearchWeibo(topic)
```

自动登录并搜索关键词为"Python"的微博,返回的结果如图 11.14 所示。

图 11.14　返回的结果

11.3.2　爬取微博内容

当获得反馈搜索结果后就可以爬取对应的微博内容了。同样采用浏览器审查元素定位节点的技术,由于该技术可以识别所需爬取内容的 HTML 源码,所以被广泛应用于网络爬取中。

1．需求分析

确定所获取微博内容的信息，如图 11.15 所示，获得的信息包括用户名、内容、发布时间、转发量、评论数和点赞数。其中，转发量、评论数和点赞数可以用来分析微博的热门情况以及用户画像等。

图 11.15　微博内容

2．分析微博的 HTML 源码规律

分析微博的 HTML 源码的分布规律时通常采用列表的形式反馈。比如搜索"Python"主题，它会反馈很多该主题的微博，然后依次分布，如图 11.14 所示。其中，每条微博的布局都是一样的，如图 11.15 所示，我们需要审查其源码，看其存在什么规律。同样右击第一条主题微博信息，然后在弹出的快捷菜单中选择"审查元素"，反馈的 HTML 源码如图 11.16 所示。

图 11.16　网页源码

每条微博信息都位于"<div class＝"WB_cardwrap S_bg2 clearfix">…</div>"节点下，通过 find_elements_by_xpath()函数即可获取多条微博信息，然后依次提取核心

信息,如用户名、内容、发布时间、转发量、评论数和点赞数等。核心代码如下:

```
info = driver.find_elements_by_xpath("//div[@class = 'WB_cardwrap S_bg2
                                  clearfix']")
```

```
for value in info:
    print value.text
    content = value.text
```

此时爬取的内容如图 11.17 所示,只需要使用正则表达式和字符串操作就可以依次提取所需的字段内容。

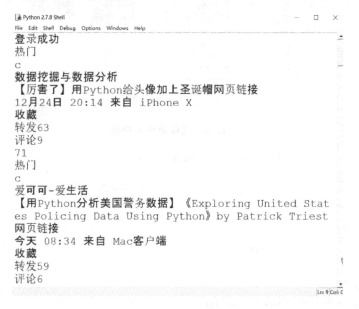

图 11.17 爬取的内容

3. 定位用户名

位于节点 <div class="feed_content wbcon"> </div> 下的第一个超链接,其对应的源码如图 11.18 所示。

Python 定位用户名的核心代码为

```
elem = driver.find_element_by_xpath("//div[@class = 'feed_content wbcon']/a")
```

其他字段(如内容、点赞数等)的定位方法类似于定位用户名的方法,完整代码如下:

test11_04.py

```
# coding = utf - 8
from selenium import webdriver
```

图 11.18 定位微博用户名

```python
from selenium.webdriver.common.keys import Keys
import time
import re

#打开浏览器
driver = webdriver.Firefox()

#登录函数
def LoginWeibo(username, password):
    print u'准备登录微博'
    driver.get("https://login.sina.com.cn/signup/signin.php")
    #用户名,密码
    elem_user = driver.find_element_by_name("username")
    elem_user.send_keys(username)
    elem_pwd = driver.find_element_by_name("password")
    elem_pwd.send_keys(password)
    elem_pwd.send_keys(Keys.RETURN)
    time.sleep(20)
    elem_sub = driver.find_element_by_xpath("//input[@class = 'W_btn_a btn_34px']")
    elem_sub.click()                        #单击登录
    print u'登录成功'

#搜索主题函数
def SearchWeibo(topic):
```

```
try:
    #访问微博搜索界面
    driver.get("http://s.weibo.com/")

    #按回车键搜索主题
    elem_topic = driver.find_element_by_xpath("//input[@class = 'searchInp_form']")
    elem_topic.send_keys(topic)
    elem_topic.send_keys(Keys.RETURN)
    time.sleep(5)

    #获取用户名
    elem_name = driver.find_elements_by_xpath("//div[@class = 'feed_content wbcon']/a")
    for value in elem_name:
        print value.text
    #内容
    elem_txt = driver.find_elements_by_xpath("//p[@class = 'comment_txt']")
    for value in elem_txt:
        txt = value.text
        print txt.strip("\n")
    #时间
    elem_time = driver.find_elements_by_xpath("//a[@class = 'W_textb']")
    for value in elem_time:
        time = value.get_attribute("title")
        print time.strip("\n")
    #数字
    elem_num = driver.find_elements_by_xpath("//ul[@class = 'feed_action_info
    feed_action_row4']")
    for value in elem_time:
        content = value.text
        patt = re.compile(r"(\d + \.\d + )")
        number = patt.findall(content)
        print number[0],number[1]

except Exception,e:
    print "Error: ",e
finally:
    print u'爬取结束\n'


#主函数
if __name__ == '__main__':
    #定义用户名和密码
    username = '842533144@qq.com'
```

```
password = 'Yn975312'
topic = "python"
#调用函数登录微博
LoginWeibo(username, password)
#调用函数搜索热门主题
SearchWeibo(topic)
```

输出结果如图 11.19 和图 11.20 所示，如内容和发布时间。

【用Python分析美国警务数据】《Exploring United States Policing Data
》by Patrick Triest 网页链接
有必要去学学 Python 了……
|数据分析了……
#IT技术分享# 【实战干货助你快速入门Python！】
1、如何学习Python：网页链接
2、Python入门：网页链接
3、Python分布式爬虫打造搜索引擎：网页链接
4、Python开发环境搭建：网页链接
5、成就你的Python高级工程师之路：网页链接
Life is short, you need Python！ |北京·黄村
python语言,我要开始了
人生苦短 我用python |北京·立水……
看教学视频的心路历程：
第一节：原来python这么简单啊！
第二节：这个，那个，好像也还好。
第三节：（琢磨一天后），好像也不是那么那么难……

图 11.19　微博发布内容

注意：微博发布时间位于 <a class='W_textb'…> 节点中的 title 属性中，采用属性和属性值的形式对应，这里通过 get_attribute("title") 函数可以获取该值。核心代码如下：

```
elem_time = driver.find_elements_by_xpath("//a
        [@class = 'W_textb']")
for value in elem_time:
    print value.get_attribute("title")
```

输出结果如图 11.21 所示。

同时，审查源码时发现，微博中的转发量、评论数和点赞数位于 <ul> 节点下的 4 个 <li> 列表中，定位 <ul class='feed_action_info feed_action_row4'> 内容后可通过正则表达式获取。核心代码如下：

```
elem_num = driver.find_elements_by_xpath("//ul
        [@class = 'feed_action_info feed_ac-
        tion_row4']")
for value in elem_time:
    content = value.text
```

```
2017-12-27 23:52
2017-12-27 23:43
2017-12-27 23:34
2017-12-27 23:23
2017-12-27 23:16
2017-12-27 23:15
2017-12-27 23:14
2017-12-27 22:56
2017-12-27 22:37
2017-12-27 22:31
2017-12-27 22:02
2017-12-27 21:47
2017-12-27 21:36
2017-12-27 21:19
2017-12-27 21:16
2017-12-27 21:15
2017-12-27 21:10
```

图 11.20　微博发布时间

图 11.21　定位发布时间

patt = re.compile(r"(\d + \.\d +)")

number = patt.findall(content)

print number[0],number[1]

输出结果如图 11.22 所示。

图 11.22　定位评论数

　　另外,也可以在获取所有内容后再采用正则表达式和字符串操作来提取所需内容,例如利用 find()函数找到"转发""评论"等关键字,这里不再介绍。

11.4　本章小结

在使用 Python 设计网络爬虫的过程中,往往会遇到需要登录验证才能爬取数据的情况,甚至有的还需要输入验证码,比如微博、知乎、邮箱、QQ 空间等。常见的解决方法是,通过设置消息头 Headers 来实现模拟登录。作者更喜欢采用的一种方法是通过 Selenium 技术访问浏览器,并操作鼠标和键盘自动输入用户名和密码,然后提交表单实现登录。如果在登录过程中需要输入验证码,则可以通过 time. sleep ()代码实现暂停,手动输入验证码后实现登录,再爬取所需的信息。该方法可以解决微博登录、邮箱登录、百度登录等问题。建议读者自己去尝试登录验证不同的网站,并爬取所需的信息。同时提醒大家,在短时间内爬取海量数据时,有些网站的反爬虫技术会检测到你的爬虫并封锁你的当前 IP,比如微博或淘宝等,这时就需要通过 IP 代理来实现。希望读者能够结合实际情况来进行深入研究。

参考文献

[1] Baijum. Selenium-Python Github[EB/OL]. [2017-10-14]. https://github. com/baijum/selenium-python.

第 12 章

基于图片爬取的 Selenium 爬虫

图片作为网站的重要元素之一，在 HTML 中采用 <img> 标签表示，它具有重要的应用价值，可用于图片分类、图片监测、知识图谱等领域。第 9～11 章讲述的网络爬虫技术所爬取的内容都是文本信息，本章将讲解利用 Selenium 技术爬取图片的实例，从网站定位分析、代码实现两方面来讲解爬取全景网各个主题图片的过程，最后讲解代码优化方案。

12.1 图片爬虫框架

作者将图片爬虫框架定义为图 12.1 所示的内容，由图可知，整个爬虫是采用 Python 环境下的 Selenium 技术实现的，共分为 3 部分，即

第一部分，定义主函数循环获取图片的主题名称和图片详细页面的超链接，调用 Selenium 进行 DOM 树分析，利用 find_elements_by_xpath() 函数定位元素。其中，主题名称用于命名文件夹或图集，图集超链接用于进一步爬取图片。

第二部分，调用 getPic() 自定义函数创建图集文件夹，并且进入图片详情页面分析定位图片的 HTML 源码，再获取每张图片的超链接，通常位于 <img src='url'/> 节点。

第三部分，调用 loadPicture() 自定义函数分别下载每张图片，将其保存至本地。其中，该函数包括两个参数——URL（图片超链接）和 path（图片存储路径）。

虽然该图片爬虫框架是作者自定义的，但实际应用中大部分的图片爬虫都涉及这 3 个步骤，比如作者爬取的游戏网站图片，如图 12.2 所示。各种图片爬虫之间是存在区别的，常见的区别如下：

① 为了提高爬虫的效率，修改为分布式或多线程的爬虫；

② 为了规整图片格式，采用自定义的方式命名图片；

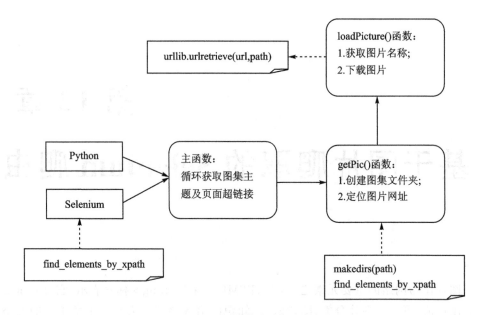

图 12.1　图片爬虫框架

③ 为了获取动态加载的图片,采用动态页面分析技术进行爬取。

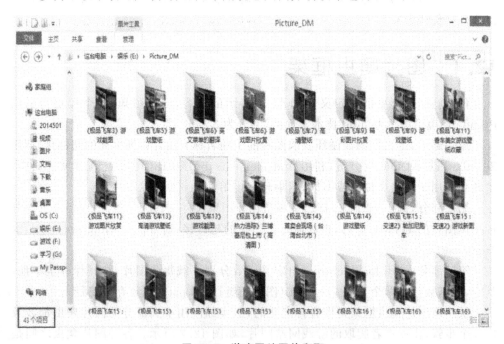

图 12.2　游戏网站图片爬取

下面将详细讲解爬取全景网(http://www.quanjing.com/)的流程,希望读者可以爬取自己喜欢的图集。

12.2　图片网站分析

本节主要讲解全景网图片爬取过程,首先讲解常见的图片爬取方法,接着详细分析全景网图片爬虫。

12.2.1　图片爬取方法

常见的图片爬取方法包括两种:urlretrieve()函数和文件写入操作。

1. urlretrieve()函数

urlretrieve()方法直接将远程数据下载到本地,属于 urllib 模块,函数原型如下:

urllib.urlretrieve(url, filename = None, reporthook = None, data = None)

其中,参数 url 是下载文件的超链接;参数 filename 指定保存到本地的路径(如果未指定该参数,那么 urllib 会生成一个临时文件来保存数据);参数 reporthook 是一个回调函数,当连接上服务器以及相应的数据块传输完毕时会触发回调,我们可以利用这个回调函数来显示当前的下载进度;参数 data 是指上传到服务器的数据。该方法返回一个包含两个元素的元组(filename, headers),其中,filename 表示保存到本地的路径,headers 表示服务器的响应头。

下面通过一个例子来演示如何使用该方法。将百度首页的 Logo 保存到本地文件夹中,然后命名为"test12.png",同时显示下载进度。代码如下:

test12_01.py

```
# - * - coding:utf - 8 - * -
import urllib

#回调函数:a-已下载数据块;b-数据块的大小;c-远程文件的大小
def cbk(a, b, c):
    per = 100.0 * a * b / c
    if per > 100:
        per = 100
    print '%.2f%%' % per

url = 'https://www.baidu.com/img/bd_logo1.png'
urllib.urlretrieve(url, "test12.png", cbk)
```

其中,url 为百度首页 Logo 的超链接,下载后的图片命名为"test12.png",如图 12.3 所示。同时,该函数常常简写为 urlretrieve(url, name)。

2. 文件写入操作

通过文件写入操作来爬取图片。调用 urllib.urlopen()函数打开图片,然后读取

图 12.3 百度首页的 Logo

文件,写入数据,保存至本地。代码如下:

test12_02. py

```
# - * - coding:utf - 8 - * -
import urllib
def saveImg(imageURL,fileName):
    u = urllib.urlopen(imageURL)
    data = u.read()
    f = open(fileName, 'wb')
    f.write(data)
    print u"保存图片为:", fileName
    f.close()
url = 'https://www.baidu.com/img/bd_logo1.png'
name = 'test.png'
saveImg(url, name)
```

这种方法是自定义 saveImg()函数读/写图片,也可以保存任意格式的文件。

12.2.2 全景网爬取分析

全景网是中国领先的图片库和正版图片素材网站,为个人提供正版图片素材、图片搜索、高清图片下载,为企业提供正版图片素材和影像传播解决方案。网站首页如图 12.4 所示。

图 12.4 全景网首页

第一步　分析自己的需求,寻找主题的超链接

在爬取一个网站之前需要先分析自己的需求,这里需要爬取全景网各个主题下的图集,定位到一个包含各主题的页面(http://www. quanjing. com/category/129-1. html),网页返回的搜索结果如图 12.5 所示。

图 12.5　全景网图集页面

例如"科技""花""任务"等主题,单击相应主题可进入相应主题的详情页面。例如"科技",可以看到各种科技的图片,如图 12.6 所示。

图 12.6　各种科技的图片

第二步 分析全景网首面,获取各图集详情页面的超链接

接下来需要定位各个图集详情页面的超链接和主题。选中主题右击,在弹出的快捷菜单中选择"审查元素",可以查看对应元素的源码,比如定位"城市"主题的源码如图 12.7 所示。图集主题位于"<div id="divImgHolder" class="list">…</div>"目录下,在"<ul>…</ul>"节点中采用多个"<li>…</li>"列表节点布局。

```
▼<div class="content"> == $0
  ▶<h3 id="h3Nav" style="background-color:#eee; border-bottom:1px solid #999;padding:5px 15px;color:
  #666; font-size:14px; height:26px; line-height:26px; background-color:#fff;">…</h3>
  ▼<div id="divImgHolder" class="list">
    ▼<ul id="ulImgHolder">
      ▶<li>…</li>
      ▶<li>…</li>
      ▶<li>…</li>
      ▶<li>…</li>
      ▼<li>
        ▼<span class="img">
          ▶<a target="_blank" href="/category/1290005.html">…</a>
          </span>
        ▶<span class="name">…</span>
        </li>
      ▶<li>…</li>
      ▶<li>…</li>
```

图 12.7 定位"城市"主题的源码

利用 driver.find_elements_by_xpath()函数定位到 id 属性为"divImgHolder"的<div>布局,再定位<ul>下的多个<li>节点,即可获取图集主题和超链接的内容,核心代码如下:

```
elems = driver.find_elements_by_xpath("//div[@id='divImgHolder']/ul/li/span[2]/a")
for elem in elems:
    name = elem.text
    url = elem.get_attribute('href')
    print name,url
    getPic(name,url)
    break
```

其中,<li>节点包括两个内容——图片和主题,如下:

```
<span class="name"> <a target="_blank" href="/category/1290005.html"> 科技 </a>
```

通过 elem.text 可以获取内容,通过 elem.get_attribute("href")可以获取超链接,然后调用自定义子函数 getPic(name,url)到详情页面爬取,爬取的主题及其超链接如图 12.8 所示。

第三步 分别到各图集详情页面批量循环定位图片超链接

例如到"科技"主题的详情页面(见图 12.6),其超链接为 http://www.quan-

```
美女 http://www.quanjing.com/category/1290004.html
商务 http://www.quanjing.com/category/1290005.html
东方人 http://www.quanjing.com/category/1290006.html
城市 http://www.quanjing.com/category/1290007.html
建筑 http://www.quanjing.com/category/1290008.html
特写 http://www.quanjing.com/category/1290009.html
中国 http://www.quanjing.com/category/1290010.html
东方 http://www.quanjing.com/category/1290011.html
室内 http://www.quanjing.com/category/1290012.html
```

图 12.8　爬取的主题及其超链接

jing.com/category/1290019.html，选中其中一个图片右击，在弹出的快捷菜单中选择"审查元素"，结果如图 12.9 所示。

图 12.9　选择"审查元素"后的结果

对应的 HTML 核心代码如下：

```html
<div id = "divImgHolder" class = "right">
    <div class = "list">
        <ul id = "gallery_list" class = "gallery_list">
            <li style = "…">
                <a href = "/imgbuy/mf700 - 03460267.html"target = "_blank">
                    <img src = "图片超链接" alt = "主题"… />
                </a>
            </li>
            <li> … </li>
        </ul>
    </div>
</div>
```

该主题下的图片都是位于"<div class="list"><ul><li><a><img>"路径下的,并且是由多个列表"<li>…</li>"的标签组成的,使用 find_elements_by_xpath()函数定位到该路径下,返回的多个元素即为图片位置,再循环调用 get_attribute('src')函数就可以获取图片源地址,代码如下:

```
elems = driver.find_elements_by_xpath("//div[@class='list']/ul/li/a/img")
for elem in elems:
    url = elem.get_attribute('src')
    print url
    loadPicture(url, path)
```

注意:在 HTML 中 class 属性用于标明标签的类名,同一类型的标签类名可能相同。这里为了防止出现其他 class 属性为"list"的 div 布局,可以通过其上一个 div 节点定位,而上一个节点的 id 属性为"divImgHolder",这个值是唯一的。修改代码如下:

```
elems = driver.find_elements_by_xpath("//div[@id='divImgHolder']/div/ul/li/a/img")
```

同时,由于这里分布了多个不同的主题,所以需要为每个主题图集创建一个文件夹,该文件夹下为爬取的同一主题的数张图片。创建并命名文件夹是通过调用 os.makedirs()函数实现的。创建之前应判断文件夹是否存在,若存在则替换,否则创建。

第四步　调用 loadPicture(url, path)函数下载图片

自定义函数 loadPicture(url, path)包括两个参数——url 和 path,其中,url 表示需要下载图片的超链接,path 表示图片保存的路径。在该函数中,主要调用 urllib 扩展库的 urlretrieve()函数下载图片,代码如下:

```
def loadPicture(pic_url, pic_path):
    pic_name = pic_url.split('/')[-2] + ".jpg"
    print pic_path + pic_name
    urllib.urlretrieve(pic_url, pic_path + pic_name)
```

由于图片地址都是采用超链接形式,通过斜杠(/)进行分隔,所以这里获取其中最后一个参数或倒数第二个参数来命名图片,对应代码为"pic_url.split('/')[-2] + ".jpg""。

至此,全景网各个主题图集的爬虫代码分析完毕。

12.3　代码实现

爬取全景网的整个分析流程对应的完整代码如下:

test12_03. py

```python
# - * - coding:utf - 8 - * -
import re
import os
import time
import urllib
import shutil
from selenium import webdriver
from selenium.webdriver.common.keys import Keys

driver = webdriver.Firefox()
driver.get("http://www.quanjing.com/category/129 - 1.html")


def loadPicture(pic_url, pic_path):
    pic_name = pic_url.split('/')[ - 2] + ".jpg"
    print pic_path + pic_name
    urllib.urlretrieve(pic_url, pic_path + pic_name)


def getPic(name,url):
    print name
    path = "C:\\Pic3\\" + name + "\\"
    if os.path.isfile(path):    # Delete file
        os.remove(path)
    elif os.path.isdir(path): # Delete dir
        shutil.rmtree(path,True)
    os.makedirs(path)           # create the file directory

    driver.get(url)
    elems = driver.find_elements_by_xpath("//div[@class = 'list']/ul/li/a/img")
    i = 0
    for elem in elems:
        url = elem.get_attribute('src')
        print url
        loadPicture(url, path)
        if i> = 10:
            break
        i = i + 1


# 主函数,用于获取主题超链接
```

```
if __name__ == '__main__':
    urls = []
    titles = []
    elems = driver.find_elements_by_xpath("//div[@id='divImgHolder']/ul/li/span[2]/a")
    for elem in elems:
        name = elem.text
        url = elem.get_attribute('href')
        print name,url
        titles.append(name)
        urls.append(url)

    i = 0
    while i <len(urls):
        getPic(titles[i],urls[i])
        i = i + 1
        # break
```

运行结果如图 12.10 所示,可以看到对应的各个主题。

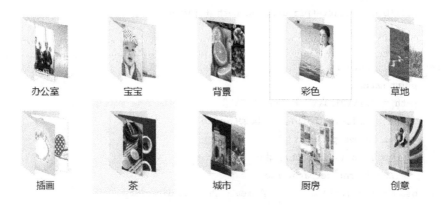

办公室　　　　宝宝　　　　背景　　　　彩色　　　　草地

插画　　　　茶　　　　城市　　　　厨房　　　　创意

图 12.10　主题图集

这里对每个主题图集只爬取了 10 张照片,比如打开"宝宝"文件夹,将显示如图 12.11 所示的图片,每张图片的命名方式均对应图片 URL 中的命名。

虽然上述代码已将各个主题的图片都爬取到了本地,但是仍有几个可以优化的地方,如下:

① 网站主题图片涉及翻页技术。

当网站内容过多时就会涉及翻页技术,例如全景网,共 1 504 页(见图 12.12),每一页都显示了相应的图集。

通常爬虫会分析翻页的超链接,寻找其中的规律并进行循环爬取。比如全景网的第 3 页对应的网址为 http://www.quanjing.com/category/1290031/3.html,内容如图 12.13 所示。这里设计一个函数,对超链接进行拼接,就可以依次爬取对应页

图 12.11　宝宝图集

图 12.12　翻页技术

图 12.13　图片翻页定位

面的所有图片了。

② 提升爬取速度的各种技术。

在爬取全景网图集时,由于图片数量众多,并且需要翻页等,导致爬取图片的时间太长,那么该怎么提高爬虫的运行效率呢?采用并行技术就可以提高爬虫的效率,其包括多进程和分布式集群技术。爬取图片慢的主要原因是发送给网站的请求和返回的响应阻塞等待,此时 CPU 不会分配资源给其他进程,爬虫处理时间会相应增加;而采用多进程可以高效利用 CPU,采用集群分而治之的爬取方法可以减少网络阻塞。第 13 章所讲解的 Scrapy 技术就可以很好地解决该类问题。

12.4　本章小结

随着数据分析的快速发展,目前已不局限于分析数字、文本等内容了,图像、声音、视频等信息的分析也成为研究的热点,随之而来的问题就是如何得到这些数据。本章主要利用 Selenium 技术爬取网站图集,其分析和定位方法与爬取文本的方法一样,不同之处在于,当定位得到了图片的 URL 时,还需要利用图片爬取方法来下载每一张图片,常见的爬取方法有 urlretrieve()函数和文件写入操作。

第 13 章

用 Scrapy 技术爬取网络数据

当读者看到这里时,说明已经初步了解了 Python 爬取网络数据的知识,甚至能够利用正则表达式、BeautifulSoup 或 Selenium 技术爬取所需的语料,但这些技术也存在一些问题,比如爬取效率较低。本章将介绍 Scrapy 技术,其爬取效率较高,是一个爬取网络数据、提取结构性数据的应用框架,将从安装、基本用法和爬虫实例 3 个方面对其进行详细介绍。

13.1 安装 Scrapy

本书主要是针对 Windows 环境下的 Python 编程,所以安装的 Scrapy 扩展库也是基于 Windows 环境下的。在 Python 的 Scripts 文件夹下输入 Python 的 pip 命令进行安装,如下:

```
pip install scrapy
```

pip 工具的详细用法参考 4.1.2 小节,pip 的安装过程和 Scrapy 的安装过程分别如图 13.1 和图 13.2 所示。

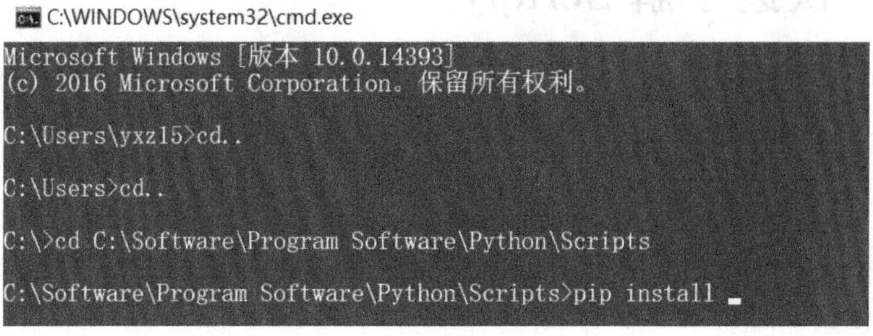

图 13.1 pip 的安装过程

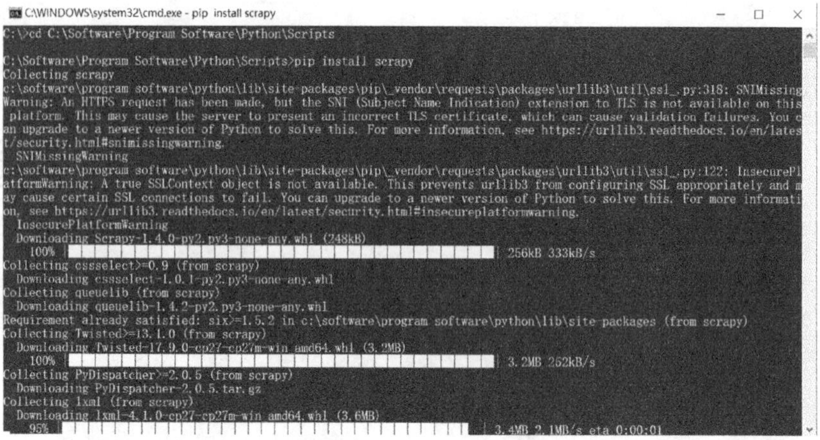

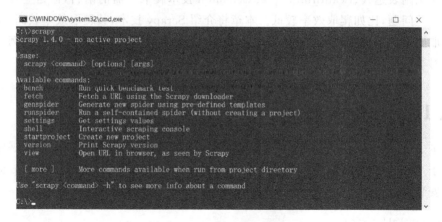

图 13.2　Scrapy 的安装过程

安装成功后,通过 cmd 输入“scrapy”查看其所包含的指令,如图 13.3 所示。

图 13.3　Scrapy 安装成功

13.2　快速了解 Scrapy

Scrapy 官网地址为 https://scrapy.org/,官方介绍为“An open source and collaborative framework for extracting the data you need from websites. In a fast, simple, yet extensible way.”。Scrapy 是一个为了快速爬取网站数据、提取结构性数据而编写的应用框架,其最初是为页面爬取或网络爬取设计的,也可用于获取 API 所返回的数据,如 Amazon Associates Web Services 或者通用的网络爬虫,现在被广泛应用于数据挖掘、信息爬取或 Python 爬虫等领域。

13.2.1　Scrapy 基础知识

图 13.4 所示为 Scrapy 官网首页,推荐大家从官网学习该工具的用法并实现相关爬虫实例,这里将结合作者的相关经验和官网知识对 Scrapy 进行讲解。

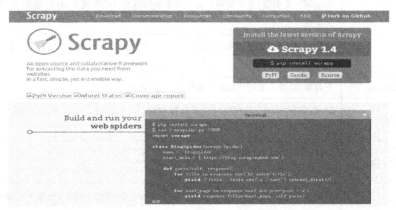

图 13.4　Scrapy 官网首页

Scrapy 爬虫框架如图 13.5 所示,它使用 Twisted 异步网络库来处理网络通信,包含各种中间接口,可以灵活地完成各种需求,读者只需要定义几个模块,就可以轻松地爬取所需要的数据集。

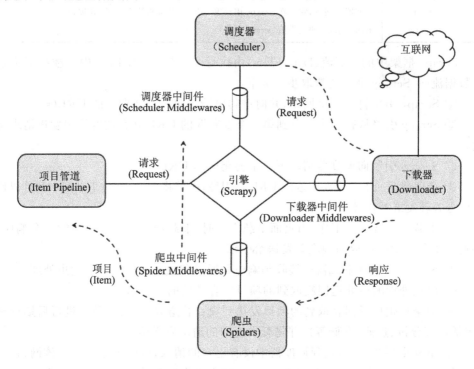

图 13.5　Scrapy 爬虫框架

图 13.5 中的基本组件介绍如表 13.1 所列。

表 13.1 Scrapy 框架的组件介绍

组　件	介　绍
Scrapy Engine	Scrapy 框架引擎,负责控制数据流在系统所有组件中的流动,并在相应动作发生时触发事件
Scheduler	调度器,从引擎接受请求(Request)并将它们入队,以便之后引擎请求它们时提供给引擎
Downloader	下载器,负责提取页面数据并提供给引擎,而后提供给爬虫
Spiders	爬虫,它是 Scrapy 用户编写用于分析响应(Response)并提取项目或额外跟进 URL 的类。每个爬虫负责处理一个特定网站或一些网站
Item Pipeline	项目管道,负责处理被爬虫提取出来的项目。典型的处理包括清理、验证及存取到数据库中
Downloader Middlewares	下载器中间件,它是在 Scrapy 引擎和下载器之间的特定钩子,处理下载器传递给引擎的响应(也包括 Scrapy 引擎传递给下载器的请求),它提供了一个简便的机制,通过插入自定义代码来扩展 Scrapy 功能
Spider Middlewares	爬虫中间件,它是在 Scrapy 引擎及 Spiders 之间的特定钩子,处理 Spiders 的输入响应与输出项目和要求
Scheduler Middlewares	调度器中间件,它是在 Scrapy 引擎和调度器之间的特定钩子,处理调度器引擎发送来的请求,以便提供给 Scrapy 引擎

Scrapy 框架中的数据流(Data Flow)由执行引擎控制,图 13.5 中的虚线箭头表示数据流向,Scrapy 框架的爬取步骤如下:

① Scrapy 引擎打开一个网站,并向该爬虫请求第一个要爬取的 URL(s)。

② Scrapy 引擎从爬虫中获取到第一个要爬取的 URL 并在调度器中发送请求调度。

③ Scrapy 引擎向调度器请求下一个要爬取的 URL。

④ 调度器返回下一个要爬取的 URL 给引擎,引擎将 URL 通过下载器中间件以请求的方式转发给下载器。

⑤ 下载器开展下载工作,当页面下载完毕时,下载器将生成该页面的一个响应,并通过下载器中间件返回响应并发送给引擎。

⑥ Scrapy 引擎从下载器中接收到响应并通过爬虫中间件发送给爬虫处理。

⑦ 爬虫处理响应并返回爬取到的项目内容及新的请求给引擎。

⑧ 引擎将爬虫返回爬取到的项目发送到项目管道处,它将对数据进行后期处理(包括详细分析、过滤、存储等),并将爬虫返回的请求发送给调度器。

⑨ 重复步骤②～⑨,直到调度器中没有更多的请求,Scrapy 引擎关闭该网站。

接下来通过简单的示例体会下 Scrapy 爬虫工作原理及具体的使用方法。

13.2.2　Scrapy 组成详解及简单示例

编写一个 Scrapy 爬虫主要完成以下 4 个任务：

① 创建一个 Scrapy 项目；

② 定义提取的 Item，这是需爬取的栏目；

③ 编写爬取网站的爬虫并提取 Item；

④ 编写 Item Pipeline 来存储提取的 Item 数据。

下面通过一个实例来讲解 Scrapy 的组成结构及调用过程，与上述任务对应地划分为 4 个部分。

1. 新建项目

首先需要在一个自定义目录下新建一个工程，比如创建 test13 工程。注意，这里需要调用 cmd 命令行创建工程，在 cmd 中输入如下指令：

```
scrapy startproject test13
```

该工程创建在 C 盘根目录 test13 文件夹下，如图 13.6 所示，同时提示可以调用 "cd test13" 命令去该目录，调用 "scrapy genspider example.com" 命令开始第一个爬虫。

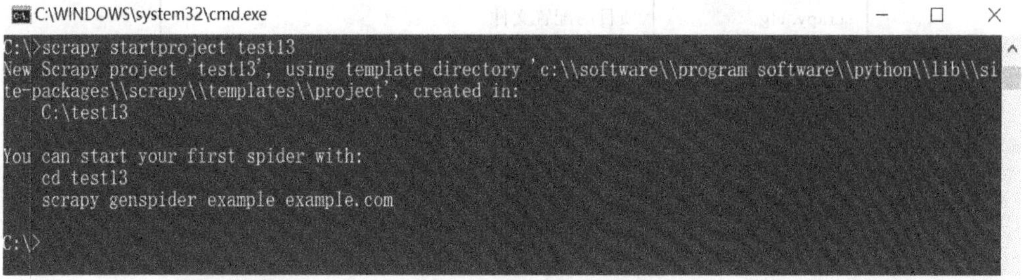

```
C:\WINDOWS\system32\cmd.exe                                          —    □    ×

C:\>scrapy startproject test13
New Scrapy project 'test13', using template directory 'c:\\software\\program software\\python\\lib\\si
te-packages\\scrapy\\templates\\project', created in:
    C:\test13

You can start your first spider with:
    cd test13
    scrapy genspider example example.com

C:\>
```

图 13.6　新建工程

该命令创建的 test13 工程所包含的内容目录如下，最外层的是一个 test13 目录和 scrapy.cfg 文件，test13 文件夹中包含主要的爬虫文件，如 items.py、middlewares.py、pipelines.py、settings.py 等。

```
test13/
    scrapy.cfg
    test13/
        __init__.py
        items.py
        middlewares.py
        pipelines.py
        settings.py
```

```
spiders/
    __init__.py
    ...
```

输出结果如图 13.7 所示。

图 13.7　工程文件目录

这些文件及其具体含义如表 13.2 所列,后续内容将对各文件进行详细介绍。

表 13.2　Scrapy 工程所包含的基础文件

文　件	含　义
scrapy.cfg	项目的配置文件
test13/items.py	项目中的 item 文件,定义栏目
test13/pipelines.py	项目中的 pipelines 文件,存储数据
test13/settings.py	项目的设置文件
test13/spiders/	放置 spiders 代码的目录

下面将以 Scrapy 爬取作者的博客网站(http://www.eastmountyxz.com/)为入门示例。

2. 定义 Item

Item 是保存爬取到数据的容器,其使用方法和 Python 字典类似,并且提供了相应的保护机制来避免拼写错误导致的未定义字段错误。

这里先创建一个 scrapy.item 类,并定义 scrapy.Field 类属性,然后利用该 scrapy.Field 类属性定义一个 Item 栏目,最后在 Item 中定义相应的字段。例如,items.py 文件中的代码就定义了标题、超链接和摘要 3 个字段,如下:

items.py

```
# - * - coding：utf - 8 - * -
import scrapy
class Test13Item(scrapy.Item)：
```

```
title = scrapy.Field()          # 标题
url = scrapy.Field()            # 超链接
description = scrapy.Field()    # 摘要
```

这里补充一点，Sublime Text 是一个代码编辑器，也是 HTML、Python、PHP 等编程语言以及文本内容的编辑器。它具有漂亮的用户界面和强大的功能，例如代码缩略图、Python 插件、代码段等。Sublime Text 的主要功能包括：拼写检查、书签、完整的 Python API、Goto 功能等。在编程学习中，有时会使用 Sublime Text 来编辑代码。

本小节使用 Sublime Text 软件来编写 Scrapy 爬虫。打开已经创建好的 test13 项目，如图 13.8 所示，使用该软件来编写 Python 代码。

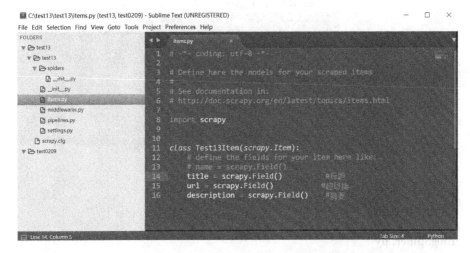

图 13.8　Sublime Text 软件打开后的效果图

图 13.8 中的左边部分是整个工程对应的目录缩略图，包括文件夹和各种 Python 文件，右边部分是打开文件中的 Python 代码。比如 items.py 文件，定义好的一个"Test13Item"类，包括标题、超链接和摘要字段。通过该文件定义的 Item，读者可以很方便地使用 Scrapy 爬虫所提供的各种方法来爬取这 3 个字段的数据，即对应自己所定义的 Item。

3. 提取数据

接下来需要编写爬虫程序，用于爬取网站数据的类。该类包含一个用于下载的初始 URL，能够跟进网页中的超链接并分析网页内容，提取生成 Item。scrapy.spider 类包含 3 个常用属性，如下：

● name：名称字段用于区别爬虫。需要注意的是，该名字必须是唯一的，不可以为不同的爬虫设定相同的名字。

● start_urls：该字段包含爬虫在启动时进行爬取的 URL 列表。

● parse():爬虫的一个方法,被调用时,每个初始 URL 完成下载后生成的 Response 对象都将会作为唯一的参数传递给该方法。该方法负责解析返回的数据,提取数据以及生成需要进一步处理的 URL 的 Request 对象。

接着在 test13\spiders 目录下创建一个 BlogSpider. py 文件,此时工程目录如图 13.9 所示。

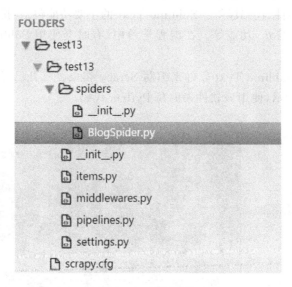

图 13.9　工程目录

增加的代码如下,注意类名和文件名一致,均为"BlogSpider"。

BlogSpider. py

```python
import scrapy
class BlogSpider(scrapy.Spider):
    name = "eastmountyxz"
    allowed_domains = ["eastmountyxz.com"]
    start_urls = [
        "http://www.eastmountyxz.com/"
    ]
    def parse(self, response):
        filename = response.url.split("/")[-2]
        with open(filename, 'wb') as f:
            f.write(response.body)
```

接下来进入 C 盘的 test13 目录,执行下列命令启动爬虫:

```
cd test13
scrapy crawl eastmountyxz
```

"scrapy crawl eastmountyxz"启动爬虫，爬取博客网站，运行过程如图 13.10 所示。

图 13.10　运行截图

此时，Scrapy 为爬虫的 start_urls 属性中的每个 URL 都创建了 scrapy. Request 对象，并将 parse()方法作为回调函数赋值给了 Request 对象；另外，Request 对象经过调度，执行生成 scrapy. http. Response 对象返回给 spider parse()方法。

Scrapy 提取 Item 时使用了一种基于 XPath 和 CSS 表达式的 Selector 选择器，该方法类似于 BeautifulSoup 或 Selenium 技术的分析方法，比如：

- /html/head/title：定位选择 HTML 文档中 <head> 标签下的 <title> 元素；
- /html/head/title/text()：定位 <title> 元素并获取该标题元素中的文字内容；
- //td：选择所有的 <td> 元素；
- //div[@class="price"]：选择所有"class="price""属性的 div 元素。

Selector 常用的 4 个方法如表 13.3 所列，推荐大家从 Scrapy 官网中自行学习。

表 13.3　Selector 常用的方法

方　法	含　义
xpath()	利用 XPath 技术进行分析，传入 XPath 表达式，返回对应节点的 list 列表
css()	传入 CSS 表达式，返回该表达式所对应的所有节点的 Selector list 列表
extract()	序列化该节点为 unicode 字符串并返回 list 列表
re()	根据传入的正则表达式对数据进行提取，返回 unicode 字符串的 list 列表

假设现在需要爬取博客网站的标题内容，则修改 test13\spiders 目录下的 Blog-Spider. py 文件，代码如下：

```
import scrapy
```

```
class BlogSpider(scrapy.Spider):
    name = "eastmountyxz"
    allowed_domains = ["eastmountyxz.com"]
    start_urls = [
        "http://www.eastmountyxz.com/"
    ]
    def parse(self, response):
        for t in response.xpath('//title'):
            title = t.extract()
            print title
        for t in response.xpath('//title/text()'):
            title = t.extract()
            print title
```

输入"scrapy crawl eastmountyxz"命令，将爬取网站的标题代码"<title>秀璋学习天地</title>"（见图 13.11）。如果需要获取标题内容，则使用 text() 函数来获取"秀璋学习天地"。

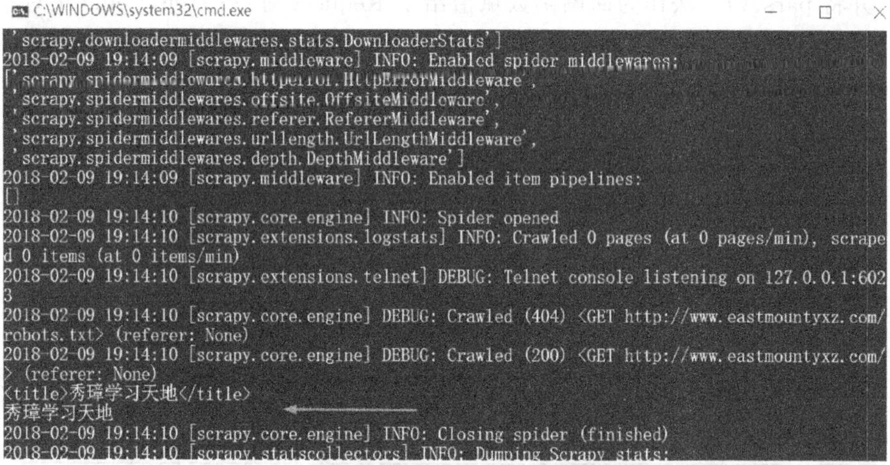

图 13.11　爬取了网站的标题内容

接下来需要获取标题、超链接和摘要，通过浏览器分析源码，如图 13.12 所示。

可以看到 4 篇文章位于 4 个 <div> </div> 之间，其 class 属性分别为"essay""essay1""essay2""essay3"，分别定义 <div> 节点下的"h1"标签可以获取标题，"p"标签可以获取摘要。

对应爬取标题、超链接和摘要内容的 BlogSpider.py 文件修改如下：

```
import scrapy
class BlogSpider(scrapy.Spider):
    name = "eastmountyxz"
```

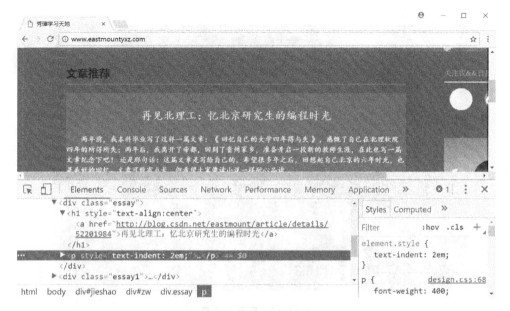

图 13.12 检查网页源码

```
allowed_domains = ["eastmountyxz.com"]
start_urls = [
    "http://www.eastmountyxz.com/"
]
def parse(self, response):
    for sel in response.xpath('//div[@class = "essay"]'):
        title = sel.xpath('h1/a/text()').extract()[0]
        url = sel.xpath('h1/a/@href').extract()[0]
        description = sel.xpath('p/text()').extract()[0]
        print title
        print url
        print description
```

输出结果如图 13.13 所示,可以看到标题为"再见北理工:忆北京研究生的编程时光",接下来的内容是超链接和摘要。

注意:作者个人博客的 HTML 源码存在一个问题,就是定义的 4 篇文章位于 div 的 class 属性分别为"essay""essay1""essay2""essay3",而正确的 HTML 代码应该是 class 属性相同,均为"essay",表示同一类标的标签 div 布局,而 id、name 等值可以不同,如果 class 属性均为"essay",则上述代码就能够爬取 4 篇文章的对应内容。

4. 保存数据

保存数据主要利用 pipeline.py 文件,它主要对爬虫返回的 Item 列表进行保存以及写入文件或数据库操作,通过 process_item()函数来实现。

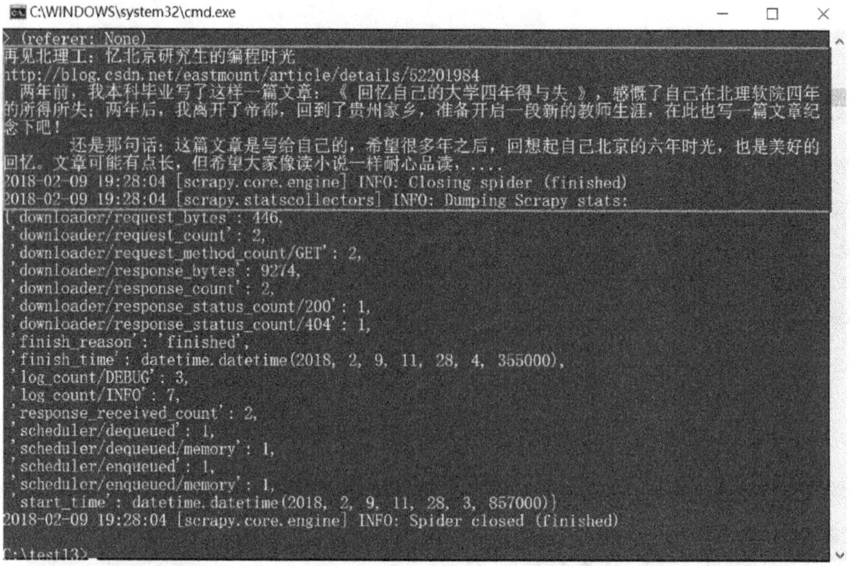

图 13.13　爬取的信息

首先,修改 BlogSpider.py 文件,通过 Test13Item()类产生一个 item 类型,用于存储标题、超链接和摘要,代码如下:

```
import scrapy
from test13.items import *


class BlogSpider(scrapy.Spider):
    name = "eastmountyxz"
    allowed_domains = ["eastmountyxz.com"]
    start_urls = [
        "http://www.eastmountyxz.com/"
    ]


    def parse(self, response):
        for sel in response.xpath('//div[@class = "essay"]'):
            item = Test13Item()
            item['title'] = sel.xpath('h1/a/text()').extract()[0]
            item['url'] = sel.xpath('h1/a/@href').extract()[0]
            item['description'] = sel.xpath('p/text()').extract()[0]
            return item
```

接下来,修改 pipelines.py 文件,该文件的源码如图 13.14 所示。

修改代码如下,注意代码之间的缩进,尽量避免不必要的错误。

266

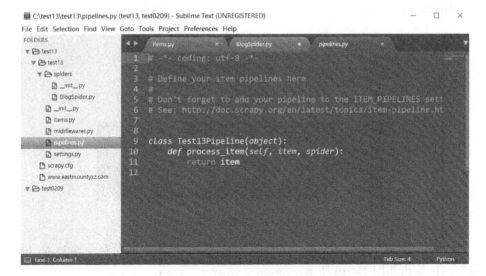

图 13.14　pipelines.py 文件中的源码

```
# - * - coding：utf - 8 - * -
# Define your item pipelines here
#
# Don't forget to add your pipeline to the ITEM_PIPELINES setting
# See：http://doc.scrapy.org/en/latest/topics/item - pipeline.html
importjson
importcodecs

class Test13Pipeline(object)：

    def __init__(self)：
self.file = codecs.open('blog.json', 'w', encoding = 'utf - 8')

    defprocess_item(self, item, spider)：
        line = json.dumps(dict(item), ensure_ascii = False) + "\n"
self.file.write(line)
        return item

    defspider_closed(self, spider)：
self.file.close()
```

　　接着为了注册启动 Pipeline,需要找到 settings.py 文件,然后将要注册的类加入"ITEM_PIPLINES"的配置中,在 settings.py 中加入下述代码,其中"test13.pipe-lines.Test13Pipeline"为用户要注册的类,右侧的"1"表示该 Pipeline 的优先级,其中,优先级的范围为 1~1 000,越小优先级越高。

settings. py

```
ITEM_PIPELINES = {
    'test13.pipelines.Test13Pipeline': 1
}
```

启动 Pipeline 如图 13.15 所示。

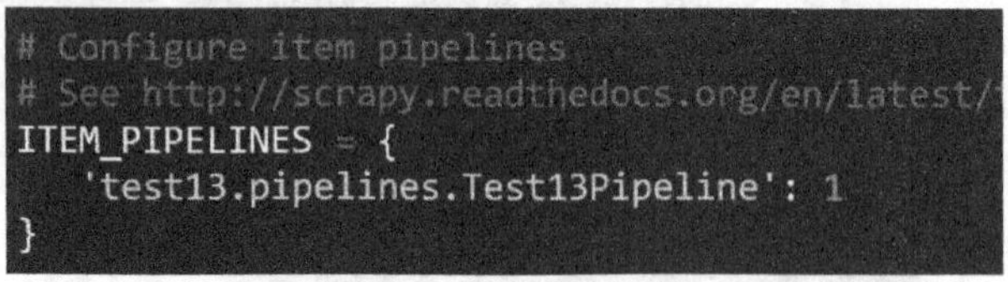

图 13.15　启动 Pipeline

然后执行命令"scrapy crawl eastmountyxz",它会将数据保存至本地的"blog.json"文件,输出如图 13.16 所示。

Windows (C:) › test13 ›

名称

test13

blog.json　←

scrapy.cfg

www.eastmountyxz.com

图 13.16　保存数据至 blog.json 文件

同时,也可以输入命令"scrapy crawl eastmountyxz-o blog.json-t json"将数据保存至本地"blog.json"文件。打开文件内容如图 13.17 所示。

图 13.17　blog.json 文件的内容

同时,如果出现中文乱码或显示的是 unicode 编码,则可以在爬虫中进行简单的转化,一种方法是修改 BlogSpider.py 文件代码,如下:

```
# - * - coding：utf - 8 - * -
importscrapy
from test13.items import *

classBlogSpider(scrapy.Spider)：
    name = "eastmountyxz"
    allowed_domains = ["eastmountyxz.com"]
    start_urls = [
        "http：//www.eastmountyxz.com/"
    ]


    def parse(self, response)：
        forsel in response.xpath('//div[@class = "essay"]')：
            item = Test13Item()
            title = sel.xpath('h1/a/text()').extract()[0]
            url = sel.xpath('h1/a/@href').extract()[0]
            description = sel.xpath('p/text()').extract()[0]
            item['title'] = title.encode('utf - 8')
            item['url'] = url.encode('utf - 8')
            item['description'] = description.encode('utf - 8')
            return item
```

另一种方法是修改 pipelines.py 文件，转换 unicode 编码。

```
# - * - coding：utf - 8 - * -
importjson
importcodecs

class Test13Pipeline(object)：
    def __init__(self)：
        self.file = codecs.open('blog.json', 'w', encoding = 'utf - 8')

    defprocess_item(self, item, spider)：
        line = json.dumps(dict(item)) + "\n"
        self.file.write(line.decode("unicode_escape"))
        return item

    defspider_closed(self, spider)：
        self.file.close()
```

下面给出一个项目实例，讲解如何使用 Scrapy 框架迅速爬取网站数据。

13.3　用 Scrapy 爬取贵州农产品数据集

在做数据分析时,通常会遇到预测商品价格的情况,而在预测价格之前就需要爬取海量的商品价格信息,比如淘宝、京东商品等,这里采用 Scrapy 技术爬取贵州农产品数据集。

输入"http://www. gznw. gov. cn/priceInfo/getPriceInfoByAreaId. jx? areaid = 22572&page=1"网址,打开贵州农经网,可以查看贵州各个地区农产品每天价格的波动情况,如图 13.18 所示,主要包括 5 个字段:品种名称、价格、计量单位、所在市场和上传时间。

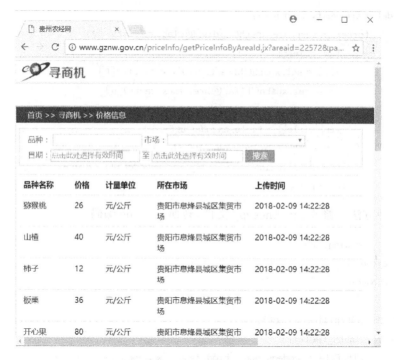

图 13.18　贵州农经网中农产品的价格信息

Scrapy 框架自定义爬虫的主要步骤如下:

① 在 cmd 命令行模型下创建爬虫工程,即创建 GZProject 工程爬取贵州农经网。

② 在 items. py 文件中定义要抓取的数据栏目,对应品种名称、价格、计量单位、所在市场、上传时间 5 个字段。

③ 通过浏览器审查元素功能分析所需爬取内容的 DOM 结构并定位 HTML 节点。

④ 创建爬虫文件,定位并爬取所需内容。

⑤ 分析网页翻页方法,并发送多页面跳转爬取请求,不断执行爬虫直到结束。

⑥ 设置 pipelines. py 文件,将爬取的数据集存储至本地 JSON 文件或 CSV 文件中。

⑦ 设置 settings. py 文件,设置爬虫的执行优先级。

下面是完整的实现过程,重点是如何实现翻页爬取及多页面爬取。

1. 创建工程

在 Windows 环境下,按 Ctrl＋R 快捷键打开运行对话框,然后输入 cmd 命令打开命令行模式,接着调用"cd"命令到某个目录下,再调用"scrapy startproject GZProject"命令创建爬取贵州农经网产品信息的爬虫工程,如图 13.19 所示。

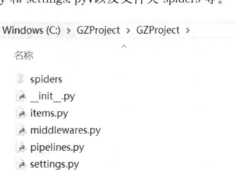

C:\WINDOWS\system32\cmd.exe

```
Microsoft Windows [版本 10.0.14393]
(c) 2016 Microsoft Corporation。保留所有权利。

C:\Users\yxz15>cd..

C:\Users>cd..

C:\>scrapy startproject GZProject
New Scrapy project 'GZProject', using template directory 'c:\\software
rapy\\templates\\project', created in:
    C:\GZProject

You can start your first spider with:
    cd GZProject
    scrapy genspider example example.com

C:\>
```

图 13.19　创建爬取贵州农经网产品信息的爬虫工程

创建 Scrapy 爬虫的命令如下:

```
scrapy startproject GZProject
```

在本地 C 盘根目录创建的 GZProject 工程目录如图 13.20 所示,包括常见的文件,如 Items. py、middlewares. py、pipelines. py 和 settings. py,以及文件夹 spiders 等。

2. 设置 items. py 文件

接着在 items. py 文件中定义需要爬取的字段,这里主要是 5 个字段。调用 scrapy. Item 子类的 Field( ) 函数创建字段,代码如图 13.21 所示。

接下来就是核心内容,分析网页 DOM 结构并编写对应爬虫的代码。

Windows (C:) ▶ GZProject ▶ GZProject ▶

名称

spiders
__init__.py
items.py
middlewares.py
pipelines.py
settings.py

图 13.20　本地工程目录

图 13.21　定义栏目文件

3. 浏览器审查元素

打开任意浏览器,然后调用"审查元素"或"检查"功能查看所需爬取内容的 HT-ML 源码,比如 Chrome 浏览器,其定位元素的方法如图 13.22 所示。选中需要爬取的元素右击,在弹出的快捷菜单中选择"检查",可以看到元素对应的 HTML 源码,如图 13.22 中的右边部分所示。

图 13.22　定位元素的方法(Chrome 浏览器)

通过"审查元素"功能可以发现,每行数据都位于 <tr> 节点下,其 class 属性为"odd gradeX",如图 13.23 所示。接着调用 scrapy 框架的 Xpath、css 等功能进行爬取。

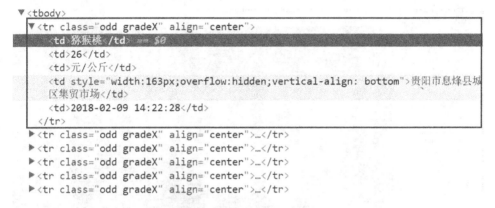

图 13.23　HTML 源代码

4. 创建爬虫并执行

在 spiders 文件夹下创建一个 Python 文件——GZSpider.py 文件,主要用于实现爬虫代码,工程目录如图 13.24 所示。

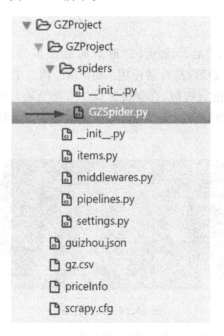

图 13.24　工程目录

增加的代码如图 13.25 所示,在 GZSpider 类中定义的爬虫名(name)为"gznw",

代码中 allowed_domains 表示所爬取网址的根域名，start_urls 表示开始爬取的网页地址，然后调用 parse()函数进行爬取。这里首先爬取该网页的标题，通过 response.xpath('//title')函数实现。

图 13.25　GZSpider 代码

接下来进入 C 盘工程目录，执行下列命令启动爬虫。

```
cd GZProject
scrapy crawl gznw
```

"scrapy crawl gznw"启动爬虫，爬取贵州农经网产品的信息，运行过程如图 13.26 所示。程序开始运行，自动使用 start_urls 构造 Request 并发送请求，然后调用 parse()函数对其进行解析，在解析过程中可能会通过链接再次生成 Request，如此不断循环，直到返回的文本中再也没有匹配的链接，或调度器中的 Request 对象用尽，程序才停止。

```
C:\Users\yxz15>cd..

C:\Users>cd..

C:\>cd GZProject

C:\GZProject>scrapy crawl gznw
C:\GZProject\GZProject\spiders\GZSpoder.py:5:
```

图 13.26　运行过程

输出结果如图 13.27 所示，包括爬取的标题 HTML 源码"<title>贵州农经网</title>"和标题内容"贵州农经网"。

274

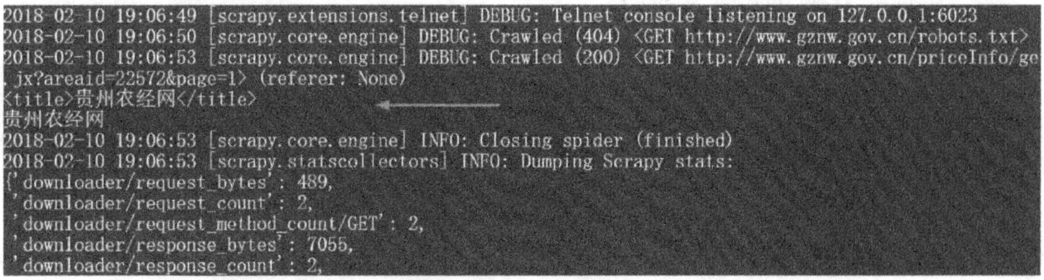

```
2018-02-10 19:06:49 [scrapy.extensions.telnet] DEBUG: Telnet console listening on 127.0.0.1:6023
2018-02-10 19:06:50 [scrapy.core.engine] DEBUG: Crawled (404) <GET http://www.gznw.gov.cn/robots.txt>
2018-02-10 19:06:53 [scrapy.core.engine] DEBUG: Crawled (200) <GET http://www.gznw.gov.cn/priceInfo/ge
tjx?areaid=22572&page=1> (referer: None)
<title>贵州农经网</title>
贵州农经网
2018-02-10 19:06:53 [scrapy.core.engine] INFO: Closing spider (finished)
2018-02-10 19:06:53 [scrapy.statscollectors] INFO: Dumping Scrapy stats:
{'downloader/request_bytes': 489,
 'downloader/request_count': 2,
 'downloader/request_method_count/GET': 2,
 'downloader/response_bytes': 7055,
 'downloader/response_count': 2,
```

图 13.27　输出结果

接下来需要爬取商品信息，调用 response.xpath('//tr[@class="odd gradeX"]') 函数定位到 class 属性为"odd gradeX"的 tr 节点，并分别获取 5 个 td 节点，对应 5 个字段内容。完整代码如下：

GZSpider.py

```python
# - * - coding: utf - 8 - * -
import scrapy
from scrapy import Request
from scrapy.selector import Selector
from GZProject.items import *


class GZSpider(scrapy.Spider):
    name = "gznw"                       #贵州农产品爬虫
    allowed_domains = ["gznw.gov.cn"]
    start_urls = [
        " http://www.gznw.gov.cn/priceInfo/getPriceInfoByAreaId.jx? areaid =
        22572&page = 1"
    ]


    def parse(self, response):
        print '----------------- Start -------------------'
        print response.url

        for sel in response.xpath('//tr[@class = "odd gradeX"]'):
            item = GzprojectItem()
            num1 = sel.xpath('td[1]/text()').extract()[0]
            num2 = sel.xpath('td[2]/text()').extract()[0]
            num3 = sel.xpath('td[3]/text()').extract()[0]
            num4 = sel.xpath('td[4]/text()').extract()[0]
            num5 = sel.xpath('td[5]/text()').extract()[0]
            print num1,num2,num3,num4,num5
            item['num1'] = num1
```

275

```
        item['num2'] = num2
        item['num3'] = num3
        item['num4'] = num4
        item['num5'] = num5
        yield item
    print '\n'
```

输出内容如下，其中，调用"item = GzprojectItem()"用于声明栏目 item，调用"item['num1'] = num1"将爬取的数据存储至栏目中。

```
------------------Start------------------
http://www.gznw.gov.cn/priceInfo/getPriceInfoByAreaId.jx? areaid = 22572&page = 1
猕猴桃 26 元/公斤 贵阳市息烽县城区集贸市场 2018 - 02 - 09 14:22:28
山楂 40 元/公斤 贵阳市息烽县城区集贸市场 2018 - 02 - 09 14:22:28
柿子 12 元/公斤 贵阳市息烽县城区集贸市场 2018 - 02 - 09 14:22:28
板栗 36 元/公斤 贵阳市息烽县城区集贸市场 2018 - 02 - 09 14:22:28
开心果 80 元/公斤 贵阳市息烽县城区集贸市场 2018 - 02 - 09 14:22:28
草莓 50 元/公斤 贵阳市息烽县城区集贸市场 2018 - 02 - 09 14:22:28
核桃 36 元/公斤 贵阳市息烽县城区集贸市场 2018 - 02 - 09 14:22:28
菜籽油 20 元/公斤 贵阳市息烽县城区集贸市场 2018 - 02 - 09 14:22:28
龙眼 20 元/公斤 贵阳市息烽县城区集贸市场 2010   02 - 09 14:22:28
车厘子 100 元/公斤 贵阳市息烽县城区集贸市场 2018 - 02 - 09 14:22:28
```

对应输出内容如图 13.28 所示。

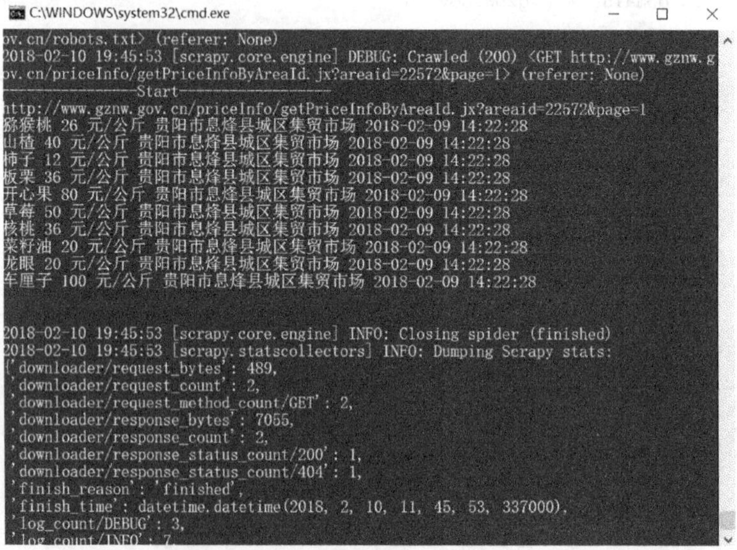

图 13.28　输出内容

至此,已爬取到贵州农经网第一页的商品信息,那其他页面的商品信息,不同日期的商品信息又该如何爬取呢? Scrapy 又如何实现跳转翻页爬虫呢?

5. 实现翻页爬取及多页面爬取功能

接下来讲解 Scrapy 爬虫的 3 种翻页方法。当然还有更多方法,比如利用 Rule 类定义网页超链接的规则进行爬取,请读者自行研究,这里主要提供 3 种简单的翻页方法。

贵州农经网的超链接可以通过 URL 字段"page＝页码"实现翻页,比如第二页的超链接为"http://www.gznw.gov.cn/priceInfo/getPriceInfoByAreaId.jx? areaid＝22572&page＝2",访问该超链接就可以获取第二页的商品信息,如图 13.29 所示,访问其他网页的原理也是一样的。

图 13.29　第二页的部分商品信息

方法一:定义 URL 超链接列表分别爬取

Scrapy 框架是支持并行爬取的,其爬取速度非常快,如果读者想爬取多个网页,则可以将网页的 URL 依次列在 start_urls 中,如图 13.30 所示。

完整代码如下:

GZSpider.py

```
# - * - coding：utf - 8 - * -
import scrapy
from scrapy import Request
from scrapy.selector import Selector
from GZProject.items import *
```

```
# -*- coding: utf-8 -*-
import scrapy
from scrapy import Request
from scrapy.selector import Selector
from GZProject.items import *

class GZSpider(scrapy.Spider):
    name = "gznw"                    #贵州农产品爬虫
    allowed_domains = ["gznw.gov.cn"]
    start_urls = [
        "http://www.gznw.gov.cn/priceInfo/getPriceInfoByAreaId.jx?areaid=22572&page=1",
        "http://www.gznw.gov.cn/priceInfo/getPriceInfoByAreaId.jx?areaid=22572&page=2",
        "http://www.gznw.gov.cn/priceInfo/getPriceInfoByAreaId.jx?areaid=22572&page=3"
    ]

    def parse(self, response):
```

图 13.30　网页的 URL 列表

```
class GZSpider(scrapy.Spider):
    name = "gznw"                    #贵州农产品爬虫
    allowed_domains = ["gznw.gov.cn"]
    start_urls = [
        "http://www.gznw.gov.cn/priceInfo/getPriceInfoByAreaId.jx?areaid=22572&page=1",
        "http://www.gznw.gov.cn/priceInfo/getPriceInfoByAreaId.jx?areaid=22572&page=2",
        "http://www.gznw.gov.cn/priceInfo/getPriceInfoByAreaId.jx?areaid=22572&page=3"
    ]

    def parse(self, response):
        print '----------------Start ------------------'
        print response.url

        for sel in response.xpath('//tr[@class="odd gradeX"]'):
            item = GzprojectItem()
            num1 = sel.xpath('td[1]/text()').extract()[0]
            num2 = sel.xpath('td[2]/text()').extract()[0]
            num3 = sel.xpath('td[3]/text()').extract()[0]
            num4 = sel.xpath('td[4]/text()').extract()[0]
            num5 = sel.xpath('td[5]/text()').extract()[0]
            print num1,num2,num3,num4,num5

        print '\n'
```

输出如图 13.31 所示,可以看到采用 Scrapy 技术爬取的 3 页商品信息。

方法二:拼接不同网页的 URL 并发送请求爬取

假设 URL 很多,如果采用方法一显然是不可行的,那么怎么处理呢?这里提出了第二种方法,通过拼接不同网页的 URL,循环发送请求进行爬取。拼接方法如下:

图 13.31　输出爬取的 3 页商品信息

next＿url ＝ " http：//www. gznw. gov. cn/priceInfo/getPriceInfoByAreaId. jx? areaid ＝ 22572&page ＝ " ＋ str(i)

在 parse()函数中定义一个 while 循环，通过"yield Request(next_url)"发送新的爬取请求，并循环调用 parse()函数进行爬取。完整代码如下：

GZSpider. py

```
# - * - coding：utf - 8 - * -
import scrapy
from scrapy import Request
from scrapy. selector import Selector
from GZProject. items import *

class GZSpider(scrapy. Spider)：
    name ＝ "gznw"                    # 贵州农产品爬虫
```

```
allowed_domains = ["gznw.gov.cn"]
start_urls = [
"http://www.gznw.gov.cn/priceInfo/getPriceInfoByAreaId.jx? areaid = 22572&page = 1"
]


def parse(self, response):
    print '-----------------Start -------------------'
    print response.url

    for sel in response.xpath('//tr[@class = "odd gradeX"]'):
        item = GzprojectItem()
        num1 = sel.xpath('td[1]/text()').extract()[0]
        num2 = sel.xpath('td[2]/text()').extract()[0]
        num3 = sel.xpath('td[3]/text()').extract()[0]
        num4 = sel.xpath('td[4]/text()').extract()[0]
        num5 = sel.xpath('td[5]/text()').extract()[0]
        print num1,num2,num3,num4,num5
        item['num1'] = num1
        item['num2'] = num2
        item['num3'] = num3
        item['num4'] = num4
        item['num5'] = num5
        yield item
    print '\n'

    # 循环换页爬取
    i = 2
    while i <= 10:
        next_url = "http://www.gznw.gov.cn/priceInfo/getPriceInfoByAreaId.jx?
        areaid = 22572&page = " + str(i)
        i = i + 1
        yield Request(next_url)
```

输出部分结果如下:

```
-----------------Start -------------------
http://www.gznw.gov.cn/priceInfo/getPriceInfoByAreaId.jx? areaid = 22572&page = 8
豇豆 12 元/公斤 贵阳市息烽县城区集贸市场 2018 - 02 - 09 14:22:25
红薯 12 元/公斤 贵阳市息烽县城区集贸市场 2018 - 02 - 09 14:22:25
老南瓜 15 元/公斤 贵阳市息烽县城区集贸市场 2018 - 02 - 09 14:22:25
菠菜 12 元/公斤 贵阳市息烽县城区集贸市场 2018 - 02 - 09 14:22:25
平菇/冻菌 20 元/公斤 贵阳市息烽县城区集贸市场 2018 - 02 - 09 14:22:25
贡梨 26 元/公斤 贵阳市息烽县城区集贸市场 2018 - 02 - 09 14:22:25
```

油菜苔 23 元/公斤 贵阳市息烽县城区集贸市场 2018－02－09 14:22:25

韭菜 15 元/公斤 贵阳市息烽县城区集贸市场 2018－02－09 14:22:25

绿豆(干) 12 元/公斤 贵阳市息烽县城区集贸市场 2018－02－09 14:22:25

丝瓜 12 元/公斤 贵阳市息烽县城区集贸市场 2018－02－09 14:22:25

----------------Start------------------

http://www.gznw.gov.cn/priceInfo/getPriceInfoByAreaId.jx? areaid=22572&page=10

黄瓜 15 元/公斤 贵阳市息烽县城区集贸市场 2018－02－09 14:22:25

花生油 40 元/公斤 贵阳市息烽县城区集贸市场 2018－02－09 14:22:25

鹌鹑蛋 20 元/公斤 贵阳市息烽县城区集贸市场 2018－02－09 14:22:25

血橙 15 元/公斤 贵阳市息烽县城区集贸市场 2018－02－09 14:22:24

羊肉 240 元/公斤 贵阳市息烽县城区集贸市场 2018－02－09 14:22:24

莲花白 6 元/公斤 贵阳市息烽县城区集贸市场 2018－02－09 14:22:24

小葱 12 元/公斤 贵阳市息烽县城区集贸市场 2018－02－09 14:22:24

绿豆 25 元/公斤 贵阳市息烽县城区集贸市场 2018－02－09 14:22:24

面粉(标准一级) 6 元/公斤 贵阳市息烽县城区集贸市场 2018－02－09 14:22:24

脐橙 15 元/公斤 贵阳市息烽县城区集贸市场 2018－02－09 14:22:24

----------------Start------------------

http://www.gznw.gov.cn/priceInfo/getPriceInfoByAreaId.jx? areaid=22572&page=6

羔蟹 50 元/公斤 贵阳市息烽县城区集贸市场 2018－02－09 14:22:26

草鱼 50 元/公斤 贵阳市息烽县城区集贸市场 2018－02－09 14:22:26

青蛇果 36 元/公斤 贵阳市息烽县城区集贸市场 2018－02－09 14:22:26

红蛇果 32 元/公斤 贵阳市息烽县城区集贸市场 2018－02－09 14:22:26

芒果 26 元/公斤 贵阳市息烽县城区集贸市场 2018－02－09 14:22:26

猪肉(肥瘦) 32 元/公斤 贵阳市息烽县城区集贸市场 2018－02－09 14:22:26

都匀毛尖 1,000 元/公斤 贵阳市息烽县城区集贸市场 2018－02－09 14:22:26

鲤鱼 60 元/公斤 贵阳市息烽县城区集贸市场 2018－02－09 14:22:26

鲢鱼 60 元/公斤 贵阳市息烽县城区集贸市场 2018－02－09 14:22:26

鳝鱼 60 元/公斤 贵阳市息烽县城区集贸市场 2018－02－09 14:22:26

方法三:获取下一页超链接并请求爬取其内容

下面讲解第三种方法,获取下一页的超链接并发送请求进行爬取。通过审查元素,可以看到"下一页"对应的 HTML 源码,如图 13.32 所示。

这里通过代码获取 class 为"page－link next"的超链接(<a>),如果存在"下一页"超链接,则进行跳转爬取;如果"下一页"超链接为空,则停止爬取。核心代码如下:

```
next_url = response.xpath('//a[@class = "page - link next"]/@href').extract()
if next_url is not None:
    next_url = 'http://www.gznw.gov.cn/priceInfo/getPriceInfoByAreaId.jx' + next_url[0]
    yield Request(next_url, callback = self.parse)
```

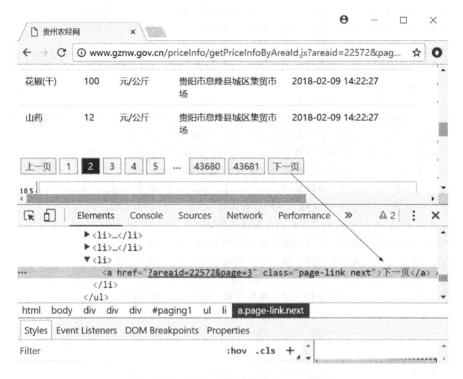

图 13.32 "下一页"对应的 HTML 源码

爬取的结果为"？areaid＝22572&page＝3"，然后对获取的超链接进行拼接，得到的 URL 为"http://www.gznw.gov.cn/priceInfo/getPriceInfoByAreaId.jx? areaid＝22572&page＝3"，再调用 Request()函数发送请求爬取内容。由于贵州农经网有 4 万多个页面，所以建议大家设置爬取网页的数量，代码如下：

```
i = 0
next_url = response.xpath('//a[@class = "page = link next"]/@href').extract()
if next_(url is not None) and i <20：
    i = i + 1
    next_url = 'http://www.gznw.gov.cn/priceInfo/getPriceInfoByAreaId.jx' + next_url[0]
    yield Request(next_url, callback = self.parse)
```

6. 设置 pipelines. py 文件保存数据至本地

pipelines. py 文件是用来对爬虫返回的 Item 列表进行保存操作的，可以写入文件或数据库中。pipelines. py 只有一个需要实现的方法：process_item，比如将 Item 保存到 JSON 格式的文件中，完整代码如下：

pipelines. py

```
# - * - coding: utf - 8 - * -
```

```
# Define your item pipelines here
#
# Don't forget to add your pipeline to the ITEM_PIPELINES setting
# See: http://doc.scrapy.org/en/latest/topics/item-pipeline.html
import codecs
import json

class GzprojectPipeline(object):

    def __init__(self):
        self.file = codecs.open('guizhou.json', 'w', encoding = 'utf-8')

    def process_item(self, item, spider):
        line = json.dumps(dict(item), ensure_ascii = False) + "\n"
        self.file.write(line)
        return item

    def spider_closed(self, spider):
        self.file.close()
```

调用 codecs. open('guizhou. json', 'w', encoding＝'utf-8')函数将数据存储至"guizhou. json"文件中,最后设置 settings. py 文件的优先级。

7. 设置 settings. py 文件

在该文件中设置如下代码,将贵州农经网爬虫的优先级设置为 1,"GZProject. pipelines. GzprojectPipeline"表示要设置的通道。

settings. py

```
ITEM_PIPELINES = {
    'GZProject.pipelines.GzprojectPipeline': 1
}
```

最后输入"scrapy crawl gznw"执行爬虫,输出的部分结果如图 13.33 所示。

同时,在本地创建的"guizhou. json"文件中保存数据(见图 13.34),采用键值对形式显示。

如果想存储为 CSV 格式的文件,则执行"scrapy crawl gznw -o gz. csv",输出结果如图 13.35 所示。

```
土鸡蛋 26 元/公斤 贵阳市息烽县城区集贸市场 2018-02-09 14:22:25
2018-02-10 22:20:02 [scrapy.core.scraper] DEBUG: Scraped from <200 http://www.gznw.g
ov.cn/priceInfo/getPriceInfoByAreaId.jx?areaid=22572&page=9>
{'num1': u'\u571f\u9e21\u86cb',
 'num2': u'26',
 'num3': u'\u5143/\u516c\u65a4',
 'num4': u'\u8d35\u9633\u5e02\u606f\u70fd\u53bf\u57ce\u533a\u96c6\u8d38\u5e02\u573a
',
 'num5': u'2018-02-09 14:22:25'}
油菜苔 23 元/公斤 贵阳市息烽县城区集贸市场 2018-02-09 14:22:25
2018-02-10 22:20:02 [scrapy.core.scraper] DEBUG: Scraped from <200 http://www.gznw.g
ov.cn/priceInfo/getPriceInfoByAreaId.jx?areaid=22572&page=8>
{'num1': u'\u6cb9\u83dc\u82d4',
 'num2': u'23',
 'num3': u'\u5143/\u516c\u65a4',
 'num4': u'\u8d35\u9633\u5e02\u606f\u70fd\u53bf\u57ce\u533a\u96c6\u8d38\u5e02\u573a
',
 'num5': u'2018-02-09 14:22:25'}
白豆腐 4 元/公斤 贵阳市息烽县城区集贸市场 2018-02-09 14:22:27
2018-02-10 22:20:02 [scrapy.core.scraper] DEBUG: Scraped from <200 http://www.gznw.g
ov.cn/priceInfo/getPriceInfoByAreaId.jx?areaid=22572&page=3>
{'num1': u'\u767d\u8c46\u8150',
 'num2': u'4',
 'num3': u'\u5143/\u516c\u65a4',
 'num4': u'\u8d35\u9633\u5e02\u606f\u70fd\u53bf\u57ce\u533a\u96c6\u8d38\u5e02\u573a
',
 'num5': u'2018-02-09 14:22:27'}
```

图 13.33　输出的部分结果

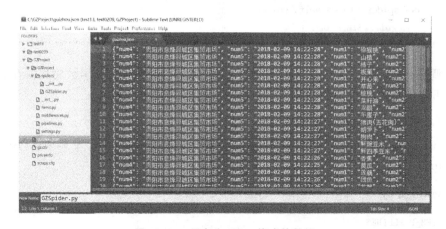

图 13.34　保存为 JSON 格式的数据

	A	B	C	D	E
1	num4	num5	num1	num2	num3
2	贵阳市息烽县城区集贸市场	2018/2/9 14:22	猕猴桃	26	元/公斤
3	贵阳市息烽县城区集贸市场	2018/2/9 14:22	山楂	40	元/公斤
4	贵阳市息烽县城区集贸市场	2018/2/9 14:22	柿子	12	元/公斤
5	贵阳市息烽县城区集贸市场	2018/2/9 14:22	板栗	36	元/公斤
6	贵阳市息烽县城区集贸市场	2018/2/9 14:22	开心果	80	元/公斤
7	贵阳市息烽县城区集贸市场	2018/2/9 14:22	草莓	50	元/公斤
8	贵阳市息烽县城区集贸市场	2018/2/9 14:22	核桃	36	元/公斤
9	贵阳市息烽县城区集贸市场	2018/2/9 14:22	菜籽油	20	元/公斤
10	贵阳市息烽县城区集贸市场	2018/2/9 14:22	龙眼	20	元/公斤

图 13.35　保存为 CSV 格式的数据

　　至此,一个完整的 Scrapy 爬取贵州农经网农产品数据的实例已讲解完,而且整个 Python 网络数据爬取部分的知识也介绍完了,更多的爬虫知识希望读者自行结合实际需求和项目进行深入学习,爬取自己所需的数据集。

13.4　本章小结

　　我们可以使用基于 BeautifulSoup 或 Selenium 技术的网络爬虫获取各种网站的信息,但其爬取效率太低,而 Scrapy 技术就很好地解决了这个难题。Scrapy 是一个爬取网络数据、提取结构性数据的高效率应用框架,其底层是异步框架 Twisted。Scrapy 最受欢迎的地方是它的性能,良好的并发性、较高的吞吐量提升了其爬取和解析的速度,而且下载器也是多线程的。同时,Scrapy 还拥有良好的存储功能,可以设置规则爬取具有一定规律的网址,尤其是在需要爬取大量真实的数据时,Scrapy 更是一个令人信服的好框架。

参考文献

[1] HanTangSongMing. Python 爬虫框架 Scrapy 实战之定向批量获取职位招聘信息-CSDN 博客[EB/OL].[2017-11-02]. http://blog. csdn. net/HanTangSong-Ming/article/details/24454453.

[2] 佚名. scrapy-itzhaopin[EB/OL].[2017-11-02]. https://github. com/maxli-aops/scrapy-itzhaopin.

套书后记

写到这里,《Python 网络数据爬取及分析从入门到精通(爬取篇)》和《Python 网络数据爬取及分析从入门到精通(分析篇)》已经写完了。起初各种出版社找我写书,我一直是拒绝的,一方面实在太忙,这一年自己被借调到省里学习,又有学校的课程和项目,身兼双职,无暇顾及;另一方面始终觉得自己只懂皮毛,只是个初出茅庐的"青椒",还有太多的知识需要去学习和消化。写书?哪有资格!

"相识满天下,知心能几人",是北京航空航天大学出版社的编辑董宜斌说服了我,让我决定写一套关于 Python 数据爬取及分析实例的书。结合 5 年来在 CSDN写过的近 300 篇博客、编写的无数 Python 爬虫代码以及网络数据爬取实例,我用心写着这套书。本套书分为两篇——爬取篇和分析篇,其中,爬取篇突出爬取,分析篇侧重分析,强烈推荐读者将两本书结合起来使用。在爬取篇中,作者首先引入了网络爬虫概念,然后讲解了 Python 基础知识,最后结合正则表达式、BeautifulSoup、Selenium、Scrapy 等技术,详细分析了在线百科、个人博客、豆瓣电影、招聘信息、图集网站、新浪微博等爬虫案例,让读者真正掌握网络爬虫的分析方法,从而爬取所需数据集,并为后续数据分析提供保障;在分析篇中,作者首先普及了网络数据分析的概念,然后讲解了 Python 常用的数据分析库,最后结合可视化分析、回归分析、聚类分析、分类分析、关联规则挖掘分析、词云及主题分布、复杂网络等技术,详细讲述了各种数据集和算法应用的分析案例,让读者真正掌握网络数据分析方法,从而更好地分析所需数据集,并为项目开发或科研工作提供保障。

多少个无眠深夜,我加班回家后又打开了电脑,开始编写心爱的书。那一刻,所有的烦恼与疲惫都已忘却,留下的只是幸福和享受,仿佛整个世界都静止了,所有人都站在了我的身后,静静地看着我,看着我嗒嗒地敲打着键盘;有时我又停了下来,右手撑着脸颊思考;有时又抄起钢笔,刷刷画着。

就这样,数不清经历了多少个午间休息、多少夜凌晨灯火、多少趟上下班的路上,我构思着、编写着,终于完成了这套书。书是写完了,这期间的艰辛、酸甜无人可以表述,那又何妨?留一段剪影,于心中回放。不论您读这套书是否有所收获,但我是很用心写的,不为别的,只为给自己一个交代,并让初学 Python 爬虫和数据分析的新手品尝下代码的美味,感受下 IT 技术的变革,足矣。更何况这套书确实普及了很多有用的实例,从方法到代码,从基础讲解到深入剖析,采用图文结合、实战为主的方式讲解,也为后续的人工智能、数据科学、大数据等领域的研究打下了基础。

"贵州纵美路迢迢,未付劳心此一遭。收得破书三四本,也堪将去教尔曹。但行好事,莫问前程。待随满天桃李,再追学友趣事。"这首诗是我选择离开北京,回到家乡贵州任教那天写的。每当看到那一张张笑脸、一双双求知的眼睛，我都觉得回家很值，也觉得有义务教好身边的每一个学生；每当帮好友或陌生博友解决一个程序问题，得到他们的一个祝福、一句感谢时，总感觉有一股暖流从心田流过，让我温馨一笑。而当我写完这套书时，我自问：它能帮助多少人？它能否促进数据分析学科的发展？能否为贵州家乡大数据发展做出点贡献？我不知道，但就觉得挺好。希望本套书能帮助更多的初学者或 Python 爱好者。

有人说我选择回家教书是情怀，有人觉得是逃离北上广，也有人认为是作秀、或是初心。但这些都不重要，重要的是经历，是争朝夕，人是为自己而活的，而不关乎其他人的看法。我们赤条条地来，赤条条地去，每段经历都将化为点点诗意，享受其中，何乐而不为呢？但同样，我们需要学会感恩，能完成这套书少不了很多人的帮助。

感谢北京航空航天大学出版社"董伯乐"的相知与相识，没有董宜斌这样的知心人，这套书就不会面世；感谢北京航空航天大学出版社的编辑，已经记不得修订了多少版，但每一版、每一段都透露出她的认真与严谨，这也是她的心血；感谢身边的朋友、同学、老师和同事的帮助和支持，尤其是替我作序的几个知己；感谢娜女神对我的赏识与关心，出书之时就是我求婚之时，书里的每一段文字、每一行代码都藏着我对她的思恋，对她的爱意，否则又有什么力量能支撑我把书写完呢？感谢亲人、我的学生以及很多素未谋面的网友，谢谢您们的建议与支持；最后感谢一下自己，书写完的那天，不知道眼角怎么就湿润了，真的好想大哭一场，但突然又笑了，这或许就是付出的滋味，一年的收成吧！未忘初心，岁月静好。

作　者

2018 年 3 月 16 日

致　　谢

　　至此,整本书已经写完了,希望对您有所帮助,也相信大家会有所收获。作者真的很用心地在写,希望自己能不忘初心,一辈子根植于贵州,教更多的学生,普及更多的有关 Python 网络爬虫和数据分析的知识。后面自己也将沉下心,进一步深化学习,尤其是在新领域的学习。需要感谢的人太多,尤其是要感谢我的女朋友和北京航空航天大学出版社,感谢他们给予我的支持与帮助!